“十三五”普通高等教育本科规划教材

工程造价专业导论

沈中友　颜成书　编
黄伟典　主审

内 容 提 要

本书为“十三五”普通高等教育本科规划教材。全书共六章，系统地介绍了工程造价专业的内涵、发展历程、专业人才培养方案、毕业就业方向、行业发展趋势，以及关于大学生活和学习的方法，从而使学生能更快地理解工程造价专业，适应大学生活。

本书可作为普通高等院校本科、专科和高等职业技术学校土建类专业的教学用书，也可作为学生自学相关专业的参考资料，以及工程技术人员了解工程造价专业的用书。

图书在版编目（CIP）数据

工程造价专业导论/沈中友，颜成书编. —北京：中国电力出版社，2016.8（2019.10重印）

“十三五”普通高等教育本科规划教材

ISBN 978-7-5123-9426-1

Ⅰ. ①工… Ⅱ. ①沈… ②颜… Ⅲ. ①工程造价—高等学校—教材 Ⅳ. ①TU723.3

中国版本图书馆 CIP 数据核字（2016）第 166736 号

出版发行：中国电力出版社
地　　址：北京市东城区北京站西街 19 号（邮政编码 100005）
网　　址：http：//www.cepp.sgcc.com.cn
责任编辑：孙　静
责任校对：太兴华
装帧设计：张俊霞
责任印制：吴　迪

印　　刷：三河市百盛印装有限公司印刷
版　　次：2016 年 8 月第一版
印　　次：2019 年 10月北京第四次印刷
开　　本：787 毫米×1092 毫米　16 开本
印　　张：11.5
字　　数：271 千字
定　　价：32.00 元

前　言

目前，我国对基础设施和大型建筑工程项目投资力度很大，带动了建筑业和房地产业的快速发展，因而需要有一大批高素质的工程造价人才与之相适应。根据市场需求，开设工程造价专业的普通高等学校数量逐年增加。截至 2019 年 7 月，已有 285 所高校开设工程造价本科专业、796 所院校开设工程造价专科专业。对于这些刚踏入高等学校大门、准备接受工程造价专业教育的学生来说，需要面对以下问题：

——工程造价做什么？

——工程造价学什么？

——工程造价怎么学？

本书试图为工程造价专业的新生回答以上问题。

本书基于“互联网＋教育”等教学理念，与北京超星公司共同合作开发了在线习题测试系统，通过安装“学习通”APP，扫描书中二维码（见书中每章末），即可对相关知识点进行在线测试，还可获取电子课件、相关阅读材料等学习资源，便于学生及时巩固所学知识和教师对教学质量的把握。

本书主要作为高等学校“工程造价专业导论”“工程造价专业概论”课程的教材。共六章，由重庆文理学院教授级高级工程师沈中友和重庆科技学院副教授颜成书共同编写，沈中友负责编写第一章至第三章及附录，颜成书负责编写第四章至第六章。

本书由山东建筑大学黄伟典教授主审，在此深表谢意。

限于编者水平，书中难免有错误之处，欢迎读者批评指正。

编　者

2019 年 7 月

目 录

第一章　初识工程造价专业

第一节　工程造价专业内涵

一、工程造价专业属性

根据我国高等教育学科体系建设相关规定和教学、科学研究工作的实际需要，现行设置的所有专业应该也必须在一级学科、二级学科的体系中找到确定的归属，即实行的是“学科户籍制度”。

1. 工程造价专业属于社会科学

在高考填报专业志愿时，同学们看见高等学校招收考生时分为招收文科、理科、文理兼收这三种情况。这种招生生源类别的划分是与我国现行的普通高等教育相吻合的。目前，我国普通高等教育分为自然科学和社会科学。

自然科学是研究自然界的物质形态、结构、性质和运动规律的科学，它包括数学、物理学、化学、生物学、天文学等基础科学和医学、农学、气象学、材料学等应用科学，是人类改造自然的实践经验即对生产斗争经验的总结。自然科学的发展取决于生产的发展。

社会科学是用科学的方法，研究人类社会的种种现象的各学科总体或其中任一学科，如社会学研究人类社会（主要是当代）；政治学研究政治、政策和有关的活动；经济学研究资源分配。社会科学所涵盖的学科包括经济学、政治学、法学、伦理学、历史学、社会学、心理学、教育学、管理学、人类学、民俗学、新闻学、传播学等。

工程造价专业是教育部根据国民经济和社会发展的需要而新增设的热门专业之一，是以经济学、管理学、法学门类为理论基础，从建筑工程管理专业上发展起来的新兴学科。所以，工程造价专业归属于社会科学。

2. 工程造价专业学科基础

《普通高等学校本科专业目录》划分为学科门类、专业类别和专业 3 个层次。每一个学科门类被划分为若干一级学科（相当于专业类），而一级学科又根据实际学科的内涵被划分为若干二级学科（相当于专业）。

（1）学科门类。学科门类是对具有一定关联学科的归类，是授予学位的学科类别。根据国务院学位委员会、教育部印发的《学位授予和人才培养学科目录设置与管理办法》（学位〔2009〕10 号）的规定，学科门类由国务院学位委员会和教育部共同制定，是国家进行学位授权审核与学科管理、学位授予单位开展学位授予与人才培养工作的基本依据。

2011 年 3 月，中华人民共和国国务院学位委员会和教育部颁布修订的《学位授予和人才培养学科目录（2011 年）》，规定我国分设哲学、经济学、法学、教育学、文学、历史学、理学、工学、农学、医学、军事学、管理学、艺术学等 13 个学科门类。2012 年《普通高等学校本科专业目录》分设除军事学外的 12 个学科门类，未设军事学学科门类，其代码 11 预留。

在2012年《普通高等学校本科专业目录》中，工程造价专业属于管理学学科门类。

（2）专业类别。专业类别就是大学的不同专业分类。2011年《学位授予和人才培养学科目录》中的专业类92个，专业506种。管理学学科门类包含管理科学与工程、工商管理、农林经济管理、公共管理及图书馆、情报与档案管理5个一级学科。在“管理科学与工程”一级学科下不在分设二级学科，工程造价只能作为其下的专业存在。我国现行的管理学学科体系如图1-1所示，由图1-1可以看出，工程造价专业的主要支撑学科为管理科学与工程。

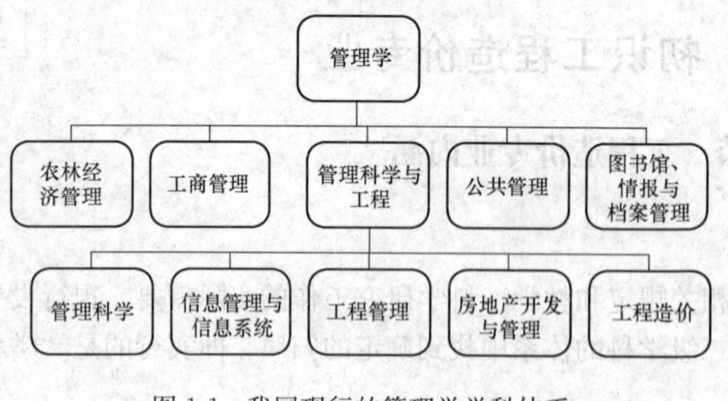

图1-1 我国现行的管理学学科体系

2012年《普通高等学校本科专业目录》在管理科学与工程门类下招收管理科学（注：可授管理学或理学学士学位）、信息管理与信息系统（注：可授管理学或工学学士学位）、工程管理（注：可授管理学或工学学士学位）、房地产开发与管理、工程造价（注：可授管理学或工学学士学位）。

（3）专业。专业的含义可以从5个方面理解：①专门从事某种学业或职业；②专门的学问；③高等学校或中等专业学校所分的学业门类；④产业部门的各业务部分；⑤对一种物质了解得非常透彻的程度。

大学的专业显然是指高等学校或中等专业学校根据社会专业分工的需要设立的学业门类。中国高等学校和中等专业学校，根据国家建设需要和学校性质设置各种专业，各专业都有独立的教学计划，以实现专业的培养目标和要求。

工程造价专业要实现的目标是培养德智体美全面发展，具备扎实的高等教育文化理论基础，适应我国和地方区域经济建设发展需要，具备管理学、经济学和土木工程技术的基本知识，掌握现代工程造价管理科学的理论、方法和手段，获得造价工程师、咨询（投资）工程师的基本训练，具有工程建设项目投资决策和全过程各阶段工程造价管理能力，有实践能力和创新精神的应用型高级工程造价管理人才。

3. 工程造价专业授予学位

学位是授予个人的一种学术称号或学术性荣誉称号，表示其受教育的程度或在某一学科领域里已经达到的水平，或是表彰其在某一领域中所做出的杰出贡献。由具备授予资格的高等学校、科学研究机构或国家授权的其他学术机构、审定机构授予。学位称号终身享有，其起源于欧洲中世纪。专业技术人员拥有何种学位，表明他具有何种学术水平或专业知识学习资历，象征着一定的身份。

（1）学位级别。目前我国的学位一般分为学士、硕士、博士这3个等级，其详细的定义和相应水平见表1-1。“博士后”指的是获准进入博士后科研流动站从事科学研究工作的博士学位获得者，它不是学位。将博士后看成是高于博士的学位，是对我国学位制度的一种误解。

表 1-1　学位级别定义与学术水平对比表

项目 \ 学位	学　士	硕　士	博　士
定义	高等学校本科毕业生，成绩优良，达到规定学术水平者，授予学士学位	高等学校和科学研究机构的研究生，或具有研究生毕业同等学力的人员，通过硕士学位的课程考试和论文答辩，成绩合格，达到规定学术水平者，授予硕士学位	高等学校和科学研究机构的研究生，或具有研究生毕业同等学力的人才，通过博士学位的课程考试和论文答辩，成绩合格，达到规定学术水平者，授予博士学位
学术水平	(1) 较好地掌握本门学科的基础理论、专门知识和基本技能。 (2) 具有从事科学研究工作或担负专门技术工作的初步能力	(1) 在本门学科上掌握坚实的基础理论和系统的专门知识。 (2) 具有从事科学研究工作或独立担负专门技术工作的能力	(1) 在本门学科上掌握坚实宽广的基础理论和系统深入的专门知识。 (2) 具有独立从事学科研究工作的能力。 (3) 在科学或专门技术上做出创造性的成果

(2) 学位与学历。学历是指求学的经历，即曾在哪些学校肄业或毕业。在实际生活和工作中，是指他最后也是最高层次的一段学习经历，以经教育行政部门批准，实施学历教育、有国家认可的文凭颁发权力的学校及其他教育机构所颁发的学历证书为凭证。学历按照层次可划分为三大层次，见表 1-2。

表 1-2　学历层次和形式表

层　次	形　式
初等教育	小　学
中等教育	初级中学、高级中学（普通高级中学，职业高中，中等专业学校，技工学校）
高等教育	大学专科、大学本科、硕士研究生、博士研究生

学位不等同于学历，获得学位证书而未取得学历证书者仍为原学历。取得硕士学位或博士学位证书的，却不一定能够获得硕士研究生或博士研究生毕业证书；而取得大学本科毕业证书的，却不一定能够获得学士学位证书。学位与学历相混淆的现象：如有的人学历为本科毕业，以后通过在职人员学位申请取得了博士学位，这时，学历仍为本科，而不能称之为取得“博士学历”。

在职申请学位不是学历教育。申请人在获得学位后，只表明其在学术上已达到硕士学位的学术水平，具有硕士学位毕业研究生的同等学力（学习能力的“力”），不涉及学历，因此申请人的学历并没有改变，故此不能获得硕士研究生毕业证书。

在职研究生则是国家计划内，以在职人员身份，部分时间在职工作，部分时间在校学习的研究生教育的一种类型。在职研究生在报名、考试要求及录取办法方面与脱产研究生相同。在职研究生是经过学校录取的正式研究生，可获得研究生毕业的学历。

(3) 学位证书。学位证书是证明学生专业知识和技术水平而授予的证书，在我国学位证授予资格单位为通过教育部认可的高等学校或科学研究机构。

获得学位意味着被授予者的受教育程度和学术水平达到规定标准的学术称号，经在高等学校或科学研究部门学习和研究，成绩达到有关规定，由有关部门授予并得到国家社会承认的专业知识学习资历。

比如，你在一个大学修完该修的学分，所有成绩及格，你就可以拿到该学校的毕业证。但是，学位证在所有成绩及格的基础上，有更高的要求。目前我国大部分学校都会要求平均学分绩点达到 2.0（通常即加权平均分为 70 分）以上才能被授予学士学位，否则只能拿到毕业证。

有些学校有特别要求，比如若出现考试作弊的行为，毕业时只能拿到毕业证，不能授予学士学位。目前我国大学的学位证书已不与大学英语四级考试挂钩。以前很多学校要求学生在校期间必须通过大学英语四级考试，否则毕业时拿不到学位证书，但该限制已经在最近几年中陆续废除。

本科学历证书（如图 1-2 所示）和学士学位证书（如图 1-3 所示）可在中国高等教育学生信息网（学信网）上查询，英文域名是 http：//www. chsi. com. cn。

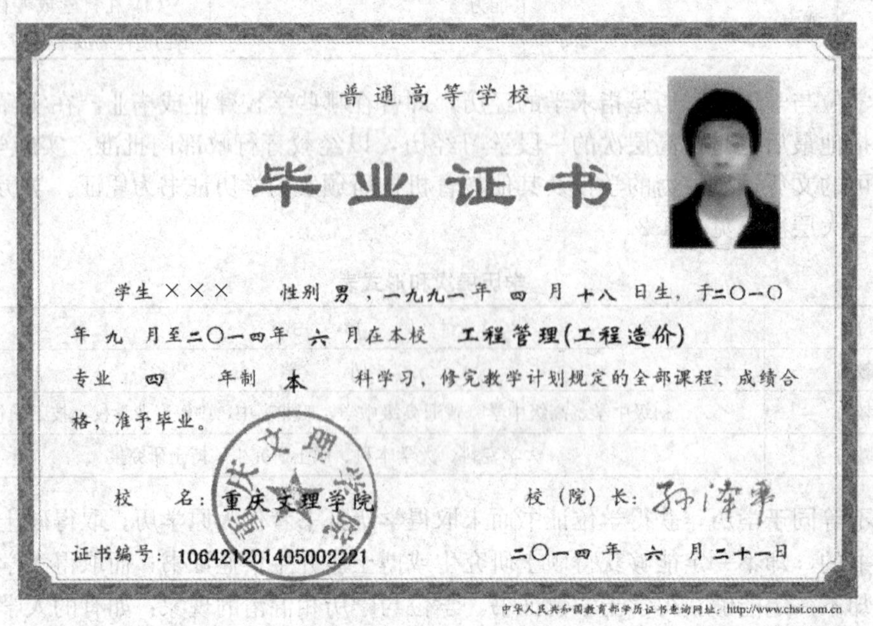
普通高等学校

毕业证书

学生××× 性别男，一九九一年 四 月 十八 日生，于二〇一〇年 九 月至二〇一四年 六 月在本校 工程管理(工程造价) 专业 四 年制 本 科学习，修完教学计划规定的全部课程、成绩合格，准予毕业。

校 名：重庆文理学院 校（院）长：

证书编号：106421201405002221 二〇一四年 六 月二十一日

中华人民共和国教育部学历证书查询网址：http://www.chsi.com.cn

图 1-2 本科学历证书

根据 2012 年《普通高等学校本科专业目录》规定工程造价本科专业可授管理学或工学学士学位。

（4）学位服。学位服是学位获得者、攻读学位者及学位授予单位的校（院、所）长、学位评定委员会主席及委员（或导师）出席学位论文答辩会、学位授予仪式、名誉博士学位授予仪式、毕业典礼及校（院、所）庆庆典等活动所穿着的正式礼服。学位服（如图 1-4 所示）是其获得学位的、有形的、可见的标志之一，它由学位帽、流苏、学位袍、垂布等四部分组成。

1）学位帽。学位帽为方形黑色。在戴学位帽时，帽子的开口部位置于脑后的正中位置，帽顶须与着装人的视线平行。

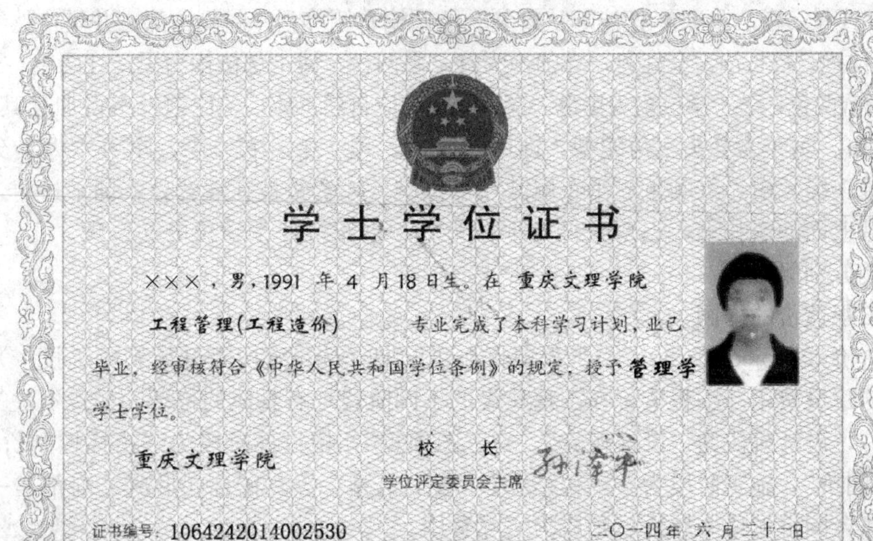

学士学位证书

×××，男，1991 年 4 月18日生。在 重庆文理学院

工程管理(工程造价) 专业完成了本科学习计划，业已毕业，经审核符合《中华人民共和国学位条例》的规定，授予管理学学士学位。

重庆文理学院　　校　长　学位评定委员会主席

证书编号：1064242014002530　　二〇一四年 六 月二十一日

（普通高等教育本科毕业生）

图 1-3　学士学位证书

图 1-4　学位服

2）流苏。校（院、所）长、导师帽流苏为黄色，博士学位流苏为红色，硕士学位流苏为深蓝色，学士学位流苏为黑色。流苏系挂在帽顶的帽结上，沿帽檐自然下垂。未获学位时，流苏垂在着装人所戴学位帽右前侧中部；学位授予仪式上，被授予学位后，由学位评定委

员会主席（或校、院、所长）把流苏从着装人的帽檐右侧移到左前侧中部，并呈自然下垂状。

3）学位袍。校长袍为全红色，导师袍为红、黑两色，博士学位袍为黑、红两色，硕士学位袍为蓝、深蓝两色，学士学位袍为黑色。穿着学位袍应自然得体，学位袍外不得加套其他服装。

4）垂布。垂布为套头三角兜型，饰边处按文、理、工、农、医、军事六大类分别标为粉、灰、黄、绿、白、红颜色。垂布佩戴在学位袍外，套头披在肩背处，铺平过肩，扣袢扣在学位袍最上面的纽扣上，三角兜自然垂在背后。垂布按授予学位的文、理、工、农、医、军事六大类分别佩戴。

二、工程造价的内涵

工程造价（Project Costs）指工程项目在建设期（从投资决策开始到竣工投产）预期或实际支出的建设费用。工程造价在工程建设的不同阶段均有具体的称谓，如投资决策阶段为“投资估算”，设计阶段为“设计概算”“施工图预算”，招投标阶段为“招标控制价”“投标报价”“合同价”，施工阶段为“工程结算”“竣工结算”等。在合同形成之前都是一种预期的价格，在合同价形成并履行后则成为实际费用。

工程造价的含义有以下两种。

1. 广义——从投资者角度

从投资者—业主的角度而言，工程造价的第一种含义是指建设一项工程预期开支或实际开支的全部固定资产投资费用。投资者为了获得投资项目的预期效益，就需要进行项目策划、决策及实施，直至竣工验收等一系列投资管理活动。在投资活动中所支付的全部费用形成了固定资产和无形资产。所有这些开支就构成了工程造价。从这个意义上说，工程造价就是工程投资费用，建设项目工程造价就是建设项目固定资产投资。

2. 狭义——从市场交易角度

从市场交易的角度而言，工程造价就是指为建成一项工程，预计或实际在土地市场、设备市场、技术劳务市场等交易活动中所形成的建筑安装工程的价格和建设工程总价格。显然，工程造价的第二种含义是以社会主义商品经济和市场经济为前提的。它以工程这种特定的商品形式作为交换对象，通过招投标、承发包或其他交易形式，在进行多次性预估的基础上，最终由市场形成的价格。这里的工程可以是整个建设工程的某个阶段，如土地开发工程、建筑安装工程、装饰工程，也可以是其中某个组成部分。

通常是把工程造价的第二种含义认定为工程承发包价格。应该肯定，承发包价格是工程造价中一种重要的，也是典型的价格形式。它是在建筑市场通过招投标，由需求主体（投资者）和供给主体（承包商）共同认可的价格。由于建筑安装工程价格在项目固定资产中占有50％～60％的份额，且建筑企业又是建设工程的实施者并具有重要的市场主体地位，因此工程承发包价格具有重要的现实意义。

所谓工程造价概念的两种含义是以不同角度把握同一事物的本质。对于建设工程的投资者来说工程造价就是项目投资，是“购买”项目付出的价格，同时也是投资者在作为市场供给主体时“出售”项目时定价的基础；对于承包商来说，工程造价是他们作为市场供给主体出售商品和劳务的价格总和，或是特指范围的工程造价，如建筑安装工程造价。

区别工程造价两种含义的理论意义在于，为以投资者和承包商为代表的供应商的市场行为提供理论依据。当政府提出降低工程造价时，政府是站在投资者的角度充当着市场需求主体的角色；当承包商提出要提高工程造价、提高利润率，并获得更多的实际利润时，是要实现一个市场供给主体的管理目标。这是市场运行机制的必然，不同的利益主体绝不能混为一谈。区别工程造价两种含义的现实意义在于，为实现不同的管理目标，不断充实工程造价的管理内容、完善管理方法，为更好地实现各自的目标服务，从而有力地推动经济的全面增长。

小知识

什么是建设工程项目总投资

“建设工程项目总投资”一般是指进行某项工程建设花费的全部费用。生产性建设工程项目总投资包括建设投资和铺底流动资金两部分；非生产性建设项目总投资则只包括建设投资。建设投资由设备工器具购置费、建筑安装工程费、工程建设其他费用、预备费（包括基本预备费和涨价预备费）、建设期利息和固定资产投资方向调节税（目前暂停征收）组成。详细的组成见表 1-3。

表 1-3　　建设工程项目总投资组成表

<table>
<tr><td rowspan="22">建设工程项目总投资</td><td rowspan="21">建设投资</td><td rowspan="2">第一部分
工程费用</td><td>建筑安装工程费</td></tr>
<tr><td>设备、工器具购置费</td></tr>
<tr><td rowspan="15">第二部分
工程建设其他费用</td><td>土地使用费</td></tr>
<tr><td>建设管理费</td></tr>
<tr><td>可行性研究费</td></tr>
<tr><td>研究试验费</td></tr>
<tr><td>勘察设计费</td></tr>
<tr><td>环境影响评价费</td></tr>
<tr><td>劳动安全卫生评价费</td></tr>
<tr><td>场地准备及临时设施费</td></tr>
<tr><td>引进技术和进口设备其他费</td></tr>
<tr><td>工程保险费</td></tr>
<tr><td>特殊设备安全监督检验费</td></tr>
<tr><td>市政公用设施建设及绿化补偿费</td></tr>
<tr><td>联合试运转费</td></tr>
<tr><td>生产准备费</td></tr>
<tr><td>办公和生活家具购置费</td></tr>
<tr><td rowspan="2">第三部分
预备费</td><td>基本预备费</td></tr>
<tr><td>涨价预备费</td></tr>
<tr><td>第四部分</td><td>建设期利息</td></tr>
<tr><td>第五部分</td><td>固定资产投资方向调节税（暂停征收）</td></tr>
<tr><td>流动资产投资</td><td colspan="2">铺底流动资金</td></tr>
</table>

三、工程造价管理的内涵

工程造价管理（Project Cost Management）指综合运用管理学、经济学和工程技术等方面的知识与技能，对工程造价进行预测、计划、控制、核算、分析和评价等的工作过程。其含义有两种：

1. 建设工程投资费用管理

工程建设投资费用管理，是指为了实现投资的预期目标，在拟订的规划、设计方案的条件下，预测、计算、确定和监控工程造价及其变动的系统活动。作为建设工程的投资费用管理，它属于工程建设投资管理范畴，它既涵盖了微观层次的项目投资费用管理，又涵盖了宏观层次的投资费用管理。

2. 建设工程价格管理

建设工程价格管理属于价格管理范畴。在社会主义市场经济条件下，价格管理分为两个层次：在微观层次上，是生产企业在掌握市场价格信息的基础上，为实现管理目标而进行的成本控制、计价、定价和竞价的系统活动；在宏观层次上，是政府根据社会经济的要求，利用法律手段、经济手段和行政手段对价格进行管理和调控，以及通过市场管理规范市场主体价格行为的系统活动。

工程建设关系到国计民生，同时，政府投资公共、公益性项目在今后仍然会有相当份额。因此，国家对工程造价的管理，不仅承担一般商品的调控职能，而且还在政府投资项目上承担着微观主体的管理职能。这种双重角色的管理职能，是工程造价管理的一大特色。

第二节　工程造价专业概况

一、工程造价专业发展概况

1. 国外高校工程造价专业发展概况

在国际上，工程造价的学科教育可以分为两大体系：一是以英国为代表的工料测量（QS）体系，强调成为工料测量师的条件之一是必须获得相应的工料测量学历；二是以美国为代表的工程造价（CE）体系，强调专业人士执业资格的获得是基于工程技术教育，即在北美获得造价工程师资格，必须首先获得工程师资格或具有工程学历背景，然后参加全面造价管理学会（AACE）的资格考试后才可以取得专业资格。两大体系下的专业人士执业资格都在国际上得到了公认，这两种体系都有较长的发展历史，在专业课程体系的设置上，都实行通过行业协会对高校实施专业课程认可制度，从而保证了专业课程设置和专业领域的职业要求对接。

2. 国内高校工程造价专业发展概况

我国工程造价专业的历史不长，“工程造价”专业从“工程管理”专业独立出来，而“工程管理”专业最早起源于“土木工程学科”，主要领域为建筑工程施工组织和管理。20世纪50年代，为适应我国大规模基本建设对工程管理类专业人才的需求，1956年同济大学创办了“建筑工程经济与组织”专业，西安建筑工程学院（现西安建筑科技大学）设置了“建筑工程经济与计划”专业，学制五年，这是我国高等教育体系中首次将工程管理设置为独立本科专业。但是在当时的背景下，该专业的毕业生并未从事过建筑管理工作，而是从事工程概、预算及设计、施工等技术工作，这可以认为是我国工程造价专业的雏形。

1978年以后，由于中国实行改革开放政策与经济体制改革，基本建设投资规模迅速增长，建筑业逐步成为国民经济的支柱产业，对工程管理类专业人才的需求增加，国内部分高等学校相应恢复或新设置了工程管理类专业。

1998 年，教育部对高校本科专业目录进行调整，将原“房地产经营与管理”“管理工程”“国际工程管理”“涉外建筑工程营造与管理”合并更名为“工程管理”，下设“房地产经营管理”“投资与工程造价管理”“工程项目管理”“国际工程承包”“物业管理”5 个方向，此时工程造价作为工程管理专业的一个方向得到较快的发展。我国高等学校工程造价专业的历史沿革如图 1-5 所示。

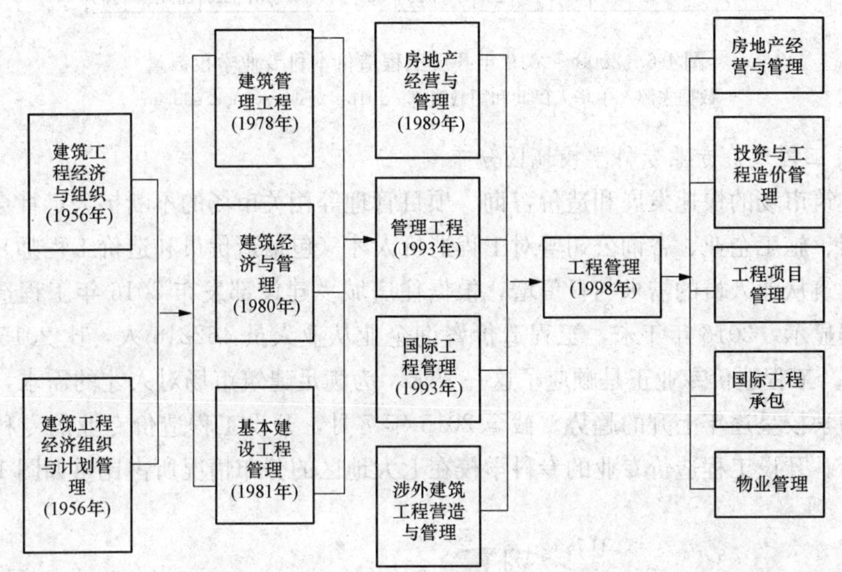

图 1-5　工程造价专业历史沿革

目前，我国高校的工程造价专业的设置情况主要有以下两种：一是在工程管理专业下开设工程造价方向的课程，供学生们选择学习；二是专门独立开设的工程造价专业（2003 年之前），多停留在专科、高职和高等教育自学考试层次上。2003 年，天津理工大学经教育部批准，正式设立工程造价本科专业，其后全国先后有几所高校申报了工程造价本科专业并招生，2012 年工程造价本科专业正式列入《普通高等学校本科专业目录》中。

二、开设工程造价专业普通高等学校数量

1. 开设工程造价专业本科学校数量统计

近几年，随着建筑行业和房地产业的快速发展，对工程造价专业毕业生的需求量也逐年增加。因此，我国越来越多的普通高校开设工程造价专业，培养更多的工程造价专业人才以适应社会发展的需要。截至 2019 年 7 月，开设工程造价专业的本科学校达到 285 所。工程造价专业本科学校数量统计如图 1-6 所示。

由图 1-6 可以看出，2003～2012 年间增长速度较慢，10 年间增加了 39 所，平均每年新增 4 所本科学校开设工程造价专业。从 2013 年开始开设本科工程造价专业院校数量明显加快，其中 2016 年增加了 48 所，2017 年增加了 24 所，2018 年增加了 26 所，2019 年上半年增加了 6 所，职业（技术）大学近 7 年增加的学校数量是 2012 年以前总数量的约 6 倍。

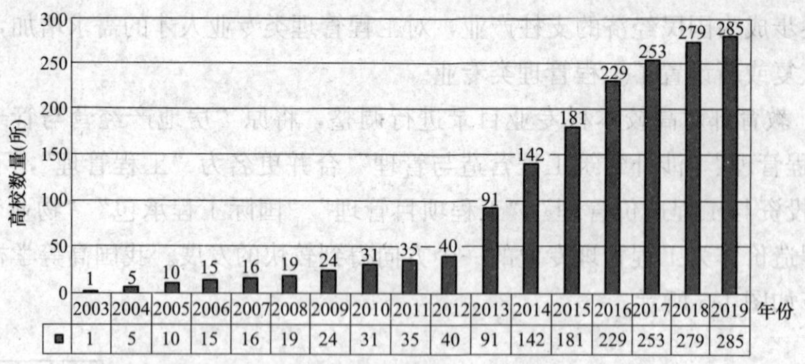

图 1-6　2003～2019 年开设工程造价本科专业学校数量

数据来源：中华人民共和国教育部　http：//www. moe. edu. cn/

2. 开设工程造价专业专科学校地区分布

随着建筑市场的快速发展和造价咨询、项目管理等相关市场的不断扩大，社会各行业如房地产公司、施工企业、咨询公司等对工程造价人才（包括造价员和造价工程师）的需求不断增加，建筑从业人员的需求与日俱增，根据住房城乡建设部发布 2016 年工程造价咨询统计公报数据显示，2016 年年末，工程造价咨询企业从业人员 462216 人，比 2015 年上年增长 11.54%。工程造价专业正是顺应了这一要求，为满足建筑市场对人才的需求，开设工程造价专业的学校呈逐年上升的趋势。截至 2015 年 7 月，开设工程造价专业的专科学校数量接近 630 所。开设工程造价专业的专科学校在七大地区的分布情况所占比重如图 1-7 所示。

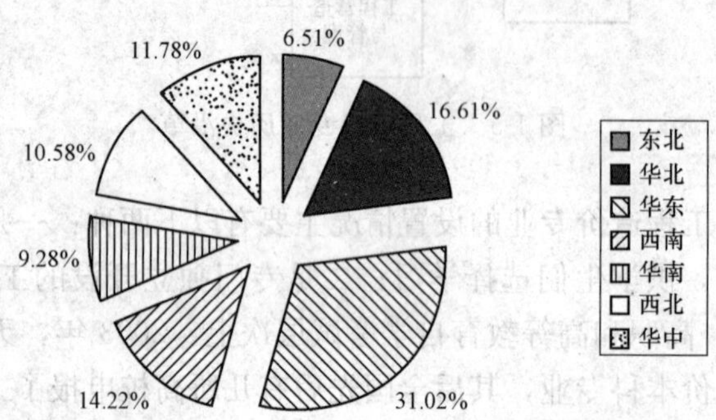

图 1-7　2015 年我国开设工程造价专业专科学校在七大地区所占比重

数据来源：1. 教育部高校招生阳光工程指定平台（指导单位：教育部高校学生司）

2. 各高校官方网站

由图 1-7 我们可以看出，就学校数量来看华东地区最多，比重高达 31.02%；华北居第二位，所占比重达到 16.61%；西南地区居第三位，所占比重为 14.22%；而其他部分所占比重较低。这说明东部地区工程造价专业人才供应量很大，而中西部地区相对较少；同时说明了东部地区的建筑行业发展较中西部发达。随着中、西部地区对建筑业产业结构的不断调整，国家对中、西部地区经济发展的支持，该地区未来对工程造价人才需求量也必然增加，目前的学校分布情况可能带来区域不匹配的情况，将影响中西部地区的工程造价咨询市场的发展。

三、普通高等学校工程造价专业招生人数统计

1. 本科学校工程造价专业招生人数统计

工程造价专业本科阶段人才培养层次及近几年招生有增长趋势，近 5 年该专业本科生不同批次招生数量情况见表 1-4。

表 1-4　2010～2015 年工程造价本科专业不同批次招生数量（人）

批次＼年份	2010	2011	2012	2013	2014	2015
一本	169	160	132	188	204	666
二本	1836	2190	2653	4666	6275	9060
三本	1175	1384	1471	3170	5339	6186
合计	3180	3734	4256	8024	11818	15912

数据来源：1. 教育部高校招生阳光工程指定平台（指导单位：教育部高校学生司）。
2. 各高校官方网站。

由表 1-4 可以看出，我国 2010～2015 年间工程造价专业本科招生人数逐年增长，2010—2012 年增长速度比较缓慢，2011 年比上年增加了 554 人，2012 年比上年增加了 522 人，平均每年招收 3723 人。而到 2013 年工程造价专业招录人数大幅度上升，录取人数比上年增加了 3768 人，2014 年比上年增加了 3794 人，2015 年比上年增加了 4094 人。其中二本招生数量历年最多，三本其次，一本招生数量历年最少，但到 2015 年一本招生人数显著上升，比上年增加了 462 人。这说明我国现阶段工程造价咨询行业需要高水平的专业人才，高质量的人才培养还有空间。图 1-8 更加直观地体现出了历年工程造价本科专业招生量的增长趋势。

由表 1-4 和图 1-8 分析可知，近几年工程造价本科专业从招生总数来看，2012～2015 年增长速度呈“峰”状。总的来看，2011 年同比增长 17.4%，2012 年同比增长 14.1%，而 2013 年工程造价本科专业招生数量同比增长 88.5%，2014 年同比增长 47.3%，2015 年同比增长 34.6%。其中，二本与三本的招生数量发展情况基本符合工程造价专业本科发展趋势。

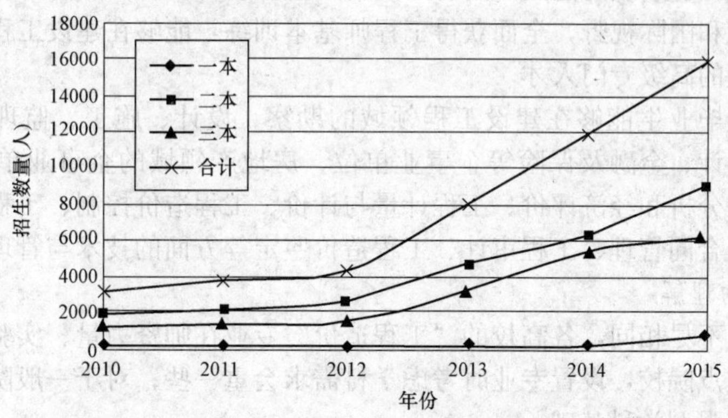

图 1-8　2010～2015 年工程造价本科专业招生数量情况（人）

2. 专科学校工程造价专业招生人数统计

近几年建筑业迅速发展，许多高等专科学校为满足工程造价人才的市场需求，积极申办工程造价专业，加大招生人数。近 6 年（2010～2015 年）工程造价专业专科层次招生数量如图 1-9 所示。

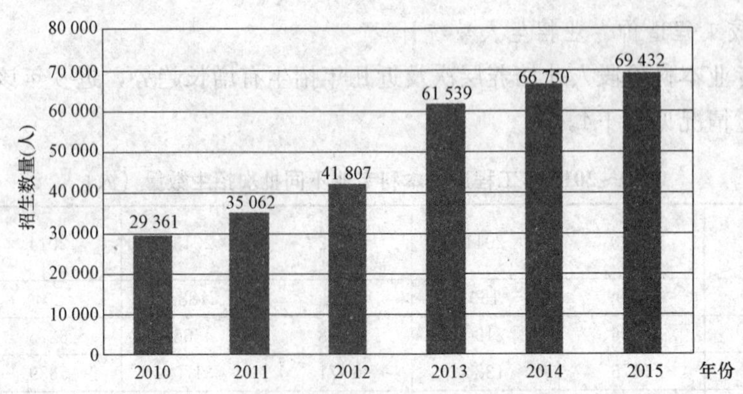

图 1-9 2010～2015 年我国高等专科学校招生人数

数据来源：1. 教育部高校招生阳光工程指定平台（指导单位：教育部高校学生司）

2. 各高校官方网站

由图 1-9 可以发现，2010～2015 年 7 月工程造价专业专科学校招生数量不断增加且呈逐年增长的趋势。截至 2015 年 7 月招生人数接近 7 万人，随着工程造价人才招生规模的不断扩大，未来人才供给量可能出现过剩问题，这将会导致人才资源的浪费。

第三节 工程造价专业的培养目标与规格

一、工程造价专业的培养目标

1. 培养目标

工程造价专业培养适应社会主义现代化建设需要，德、智、体全面发展，掌握建设工程领域的基本技术知识，掌握与工程造价相关的管理、经济和法律等基础知识，具有较高的科学文化素养、专业综合素质与能力，具有正确的人生观和价值观，具有良好的思想品德和职业道德、创新精神和国际视野，全面获得工程师基本训练，能够在建设工程领域从事工程建设全过程造价管理的高级专门人才。

工程造价专业毕业生能够在建设工程领域的勘察、设计、施工、监理、投资、招标代理、造价咨询、审计、金融及保险等企事业单位、房地产领域的企事业单位和相关政府部门，从事工程决策分析和经济评价、工程计量与计价、工程造价控制、工程建设全过程造价管理与咨询、工程合同管理、工程审计、工程造价鉴定等方面的技术与管理工作。

2. 培养目标的理解

由于办学历史不尽相同，各高校的“工程造价”专业在师资力量、实验条件上会有不同的侧重点。对于重点院校，设置专业时考虑学科需求会重一些；对于一般院校，则更多考虑社会需求，不一定强调学科基础。

高等学校工程造价专业人才培养的目的，是在学校受到经济师和工程师的基本（或初步）训练，毕业后他们经过一定的实践锻炼和考核，可成为经济师或工程师。

（1）精打细算的经济师。优秀的工程造价管理者要具有经济头脑，要考虑一个工程耗时多少、成本多少、如何实现成本的最小化和效益最大化，同时兼顾社会效益，达到环保、利民等效果。

小知识

何谓经济师

“经济师”是我国职称之一。要取得“经济师”职称，需要参加“经济专业技术资格考试”，合格后由人社部统一发放合格证书。经济专业技术资格实行全国统一考试制度，由全国统一组织、统一大纲、统一试题、统一评分标准。资格考试设置两个级别，分别为经济专业初级资格、经济专业中级资格。参加考试并成绩合格者，获得相应级别的专业技术资格，由人社部统一发放合格证书。

1993 年 1 月，原人事部下发了《人事部关于印发〈经济专业资格考试暂行规定〉及其〈实施办法〉的通知》（人职发〔1993〕1 号），决定在经济专业人员中实行中、初级专业技术资格考试制度。考试工作由人社部和部分专业主管部门负责，日常工作由人社部人事考试中心负责。考试每年举行一次，考试时间一般安排在 11 月初。原则上只在地级以上城市设置考场，必要时可在县设置考场。

根据原人事部办公厅《关于调整经济专业技术资格考试专业设置的通知》（人办发〔2002〕18 号）及有关文件精神，初、中级《专业知识和实务》科目均分为工商管理、农业、商业、财政税收、金融、保险、运输（水路、公路、铁路、民航）、人力资源管理、邮电、房地产、旅游、建筑 12 个专业。工程造价专业学生毕业后主要参加建筑专业方向考试。

（2）科学严谨的工程师。“工程师是科学家；工程师是艺术家；工程师也是思想家。”一位伟大的工程师曾经提出过这样的一段感言。不错，工程师是利用自然科学来创造工程的人。工程既是物质的也是思想上的。许多不朽的工程、伟大的发明以及出神入化的技术方案，许多人往往只看到了它们的瑰丽，然而我们更应该看到工程师们科学严谨的思维和态度。

小知识

何谓工程师

工程师指具有从事工程系统操作、设计、管理、评估能力的人员。“工程师”的称谓，通常只用于在工程学其中一个范畴持有专业性学位或相等工作经验的人士。

工程师（Engineers）和科学家（Scientists）往往容易混淆。科学家努力探索大自然，以便发现一般性法则（General principles），工程师则遵照此既定原则，从而在数学和科学上，解决了一些技术问题；科学家研究事物，工程师建立事物；科学家探索世界以发现普遍法则，而工程师则使用普遍法则以设计实际物品。

“工程师”是职业水平评定（职称评定）的一种。按职称（资格）高低分为研究员或教授级高级工程师（正高级）、高级工程师（副高级）、工程师（中级）、助理工程师（初级）。

通常所说的“工程师”，是指中级工程师。“工程师”职称是由上级主管部门评定，全国通用。其中，要考职称外语等级考试和职称计算机考试。

在欧洲大陆一些国家，“工程师”称谓的使用被法律所限制，必须用于持有学位的人士，而其他没有学位人士使用，属于违法。在美国大部分州及加拿大一些省份亦有类似法律存在，通常只有在专业工程考试取得合格才可被称为工程师，而法律的范围一般只在蓄意欺诈的情况下才会执行。

二、工程造价专业的培养规格

《高等学校工程造价本科指导性专业规范（2015 版）》中指出工程造价专业人才的培养规格应满足社会对工程造价专业人才知识结构、能力结构、综合素质的相关要求。工程造价专业的人才培养模式有很多，通常有研究型、创新型、应用型、产学研合作型、卓越工程师型等人才培养模式，各个学校可根据自身的实际情况制订培养计划并组织实施，创造鲜明的院校特色。

1. 知识结构

（1）人文社会科学知识。熟悉哲学、政治学、社会学、心理学、历史学等社会科学基本知识，了解文学、艺术等方面的基本知识。

（2）自然科学知识。掌握高等数学、工程数学知识，熟悉物理学、信息科学、环境科学的基本知识，了解可持续发展相关知识，了解当代科学技术发展现状及趋势。

（3）工具性知识。掌握一门外国语，掌握计算机及信息技术的基本原理及相关知识。

（4）专业知识。掌握工程制图与识图、工程测量、工程材料、土木工程（或建筑工程、机电安装工程）、工程力学、工程施工技术等工程技术知识；掌握工程项目管理、工程定额原理、工程计量与计价、工程造价管理、管理学、运筹学、施工组织等工程造价管理知识；掌握经济学原理、工程经济学、会计学基础、工程财务等经济与财务管理知识；掌握经济法、建设法规、工程招投标与合同管理等法律法规与合同管理知识；熟悉工程计量与计价软件及其应用、工程造价信息管理等信息技术知识。

（5）相关专业领域知识。了解城乡规划、建筑、市政、环境、设备、电气、交通、园林及金融保险、工商管理、公共管理等相关专业的基础知识。

2. 能力结构

（1）综合专业能力。

1）能够掌握和应用现代工程造价管理的科学理论、方法和手段，具备发现、分析、研究、解决工程建设全过程造价管理实际问题的能力。

2）能够进行工程项目策划及投融资分析，具备编制和审查工程投资估算的能力。

3）能够进行工程设计方案的技术经济分析，具备编制和审查工程设计概预算的能力。

4）能够进行工程招投标策划、合同策划，具备编制工程招投标文件及工程量清单、招标控制价、确定合同价款和进行工程合同管理的能力。

5）能够进行工程施工方案的技术经济分析，具备编制资金使用计划及工程成本规划的能力；具备能够进行工程风险管理的能力。

6）能够进行工程计量与成本控制，具备编制和审查工程结算文件、工程变更和索赔文件、竣工决算报告的能力。

7）能够进行工程造价分析与核算，具备工程造价审计、工程造价纠纷鉴定的能力。

（2）表达、信息技术应用及创新能力。

1）具备较强的中文书面和口头表达能力。

2）能够检索和分析中外文专业文献，具备能够对专业外语文献进行读、写、译的基本能力。

3）具备运用计算机及信息技术辅助解决工程造价专业相关问题的基本能力。

4）初步具备创新意识与创新能力，能够发现、分析、提出新观点和新方法，具备初步进行科学研究的能力。

3. 素质结构

20 世纪末我国提出了素质教育的理论，但是面对中国的应试教育，一路坎坷，很不乐观。如何处理好与应试教育的关系，也就成了在中国推动素质教育的关键。素质教育指依据人的发展和社会发展的实际需要，以全面提高全体学生的基本素质为根本目的，以尊重学生个性、注重开发人的身心潜能，并注重形成人的健全个性为根本特征的教育。具体到工程造价专业，素质的要求应包括以下几个方面。

（1）思想道德。具有正确的政治方向，行为举止符合社会道德规范，愿为国家富强、民族振兴服务；爱岗敬业、坚持原则、勇于担当，具有良好的职业道德和敬业精神；树立科学的世界观、正确的人生观和价值观；具有诚信为本、以诚待人的思想，求真务实、言行一致；关心集体，具有较强的集体荣誉感和团结协作的精神。

（2）文化素质。具有宽厚的文化知识积累，初步了解中外历史，尊重不同的文化与风俗，有一定的文化与艺术鉴赏能力；具有积极进取、开拓创新的现代意识和精神；具有较强的与他人交往的意识和能力。

（3）专业素质。获得科学思维方法的基本训练，养成严谨求实、理论联系实际、不断追求真理的良好科学素养；具有系统工程意识和综合分析素养，能够从工程造价角度分析工程设计与施工中的不足和缺陷，具有预防和处理与工程造价管理相关的重点难点和关键问题的能力。

（4）身心素质。身体健康，达到国家体育锻炼合格标准要求；能理性客观分析事物，具有正确评价自己与周围环境的能力；具有较强的情绪控制能力，能乐观面对挑战和挫折，具有良好的心理承受能力和自我调适能力。

第四节　工程造价专业培养模式

一、普通高等学校分类

普通高等学校指按照国家规定的设置标准和审批程序批准举办的，通过全国普通高等学校统一招生考试（全国招生），招收普通高中毕业生为主要培养对象，实施高等教育的公办本科大学、独立学院、民办高校和职业技术学院、高等专科学校。根据高考录取批次的不同，本科也分为一本、二本、三本，同时本科又分为“重点本科高校”与“普通本科高校”。“重点本科高校”与“普通本科高校”的侧重不同，前者注重理论研究，后者注重理论实践应用。

国家教育发展研究中心将中国高等学校分为 4 种类型。

1. 研究型大学

明显特征是学科综合性强，每年授予的博士学位数多，培养的人才层次为本科及本科以上，满足的是对高层次研究型人才和研究型成果的需求。研究生至少占到 20%～25%，每所学校每年授予博士学位数至少 50 个。

2. 教学研究型大学

这类大学的教学层次以本科生、硕士生为主，个别行业性较强的专业可招收部分博士生，但不培养专科生。

3. 教学型本科院校

这类学校的主体是本科生的教学，特殊情况下有少量的研究生或专科生。

4. 高等专科学校和高等职业学校

这类学校体现了高等教育在学校、专业设置上最为灵活的部分，主要是为了满足当地经济建设及社会发展的需要。

“十三五”时期，国家把高等学校分 3 个层次进行定位发展。一是完善现代职业教育体系，促进普职融通、产教融合；二是推动具备条件的普通本科高校向应用型转变，打造一批高水平应用型大学；三是统筹推进世界一流大学和一流学科建设，提升我国高等学校综合实力和国际竞争力。

二、我国高等院校工程造价专业设置现状

随着我国经济建设不断发展，我国逐步开始提出培养工程类的管理人才的战略，各个高校纷纷开设相关专业。

1. 本科院校工程造价专业设置情况

现阶段我国 210 所本科院校开设工程造价专业，专业设置大体分为管理、财经、工程技术及专门领域的工程技术 4 类，其中专门领域的工程技术类指房屋建筑类以外的市政、水利等专业，具体分布情况如图 1-10 所示。

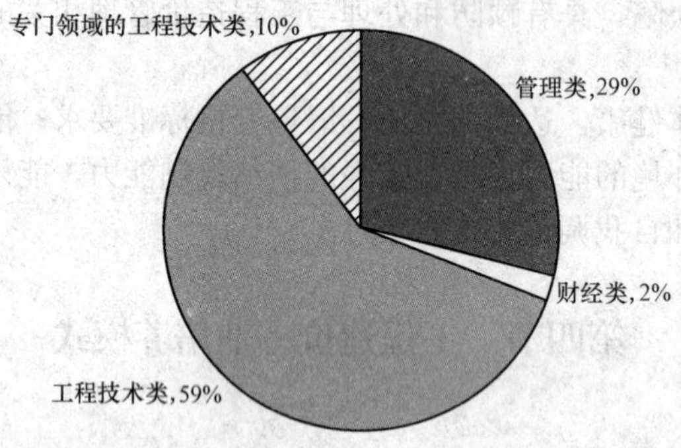

图 1-10 本科院校工程造价专业设置情况分布图

我国开设工程造价专业的本科高等院校设置院系情况并不统一，超过一半的学校将工程造价专业开设在工程技术类院系，如山东科技大学设置在土木工程学院、长安大学设置在建筑工程学院，其中多数学校属于三本类院校；29％的学校将工程造价专业开设在管理学院，这类学校中包括我国开设工程造价本科专业较早的天津理工大学，还有福建工程学院、山东建筑大学等；10％的学校开设在除房屋建筑以外的市政、水利等院校；少量院校将工程造价本科专业开设在财经类院系。这在一定程度上说明我国现阶段侧重对工程造价本科学生工程技术的培养，其培养目标主要还是应用型人才，毕业生可以较好地满足传统工程造价咨询市场上对预算员的要求，而以工程价值为核心的工程造价管理还没有得到太多重视，并且目前多数学校针对房屋建筑类的工程造价专业人才的培养较多，其他领域所占比例较少。

2. 专科院校工程造价专业的设置情况

统计发现我国开设工程造价专业的专科院校数量较多，多数为高职类院校，工程造价专业设置情况在一定程度上反映了我国工程造价专业人才的供给及培养情况，具体内容如图 1-11 所示。

由图 1-11 可知，我国工程造价专科专业设置大致也分为工程技术类、管理类、财经类及专门领域的工程技术类。其中，房屋建筑技术类最多，达到 76%；管理类次之，约是院校总数的 1/10；专门领域的工程技术类数量居第三位；财经类最少。从工程造价专业设置情况来看，专科院校与本科院校的特点基本一致，专科培养模式相对本科更加侧重技术，对工程造价管理重视度不够。

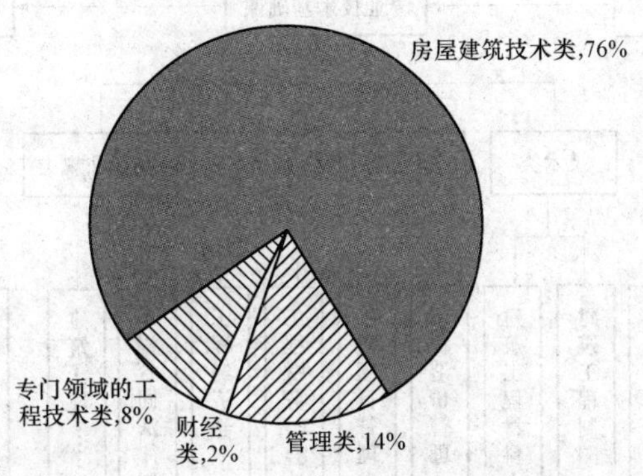

图 1-11　专科院校工程造价专业设置情况分布图

三、普通本科教育培养类型

现代普通高等本科教育形成了 3 种基本的培养类型。

1. 学术型

这种类型的本科教育，一部分作为研究生教育的前期教育，为学生提供基础的学术训练，另一部分则继承了古典大学的基本传统，重视心智训练和高深学问，强调综合能力的培养。学术性本科教育主要培养学术定向的人才，更多根据知识自身的规律和逻辑组织教育教学，其毕业生主要向两个方向发展，即学术研究和各行各业的“领袖人才”。

2. 专业型

这种类型的本科教育主要作为最终学历教育进行，也考虑后续研究生教育的需要，通过运用高深知识对学生进行社会生产和社会生活的训练，培养社会各行业技术骨干和业务骨干。这种本科教育也重视学术基础训练，但这些训练主要是为解决问题奠定基础，重在培养解决社会生产生活问题的能力。从本质上讲，这是一种社会需要导向的本科教育，更多根据社会需要、服务社会发展设计并组织教育教学，但这种需要最主要基于专业自身的发展。

3. 应用型

这种类型的本科教育主要给学生一种职业的训练，帮助学生更好地适应职业生涯发展，其课程体系、教育模式更倾向于适应就业市场的需要，从本质上讲是一种为个人职业生涯发展需要导向的本科教育。

四、高等学校的工程造价专业人才培养模式

从工程造价专业本科、专科的所在院系设置情况可以看出高等学校的人才培养模式上的差别，高等学校的人才培养模式的具体差异还可以从课程设置特点中体现。因此，我们从分析各类高等学校的课程设置特点出发，来认识本专业的人才培养模式。

我国内地开设工程造价专业的高等学校课程设置体系基本包括公共基础课、专业技术基础课和专业技术课 3 个层次，不同层次下设置不同类型课程，以期培养工程造价专业学生多方面能力。多数院校工程造价专业课程设置情况如图 1-12 所示。我国设立工程造价专业的各高校对于公共基础课（如数学、政治、外语及计算机等，部分课程学时教育部有统一要求）设置相差较小，而由于专业技术基础课程与专业技术课划分界限不够明显，并且各类高校专业设置各具特点导致专业技术基础课程与专业技术课相对差异较大。

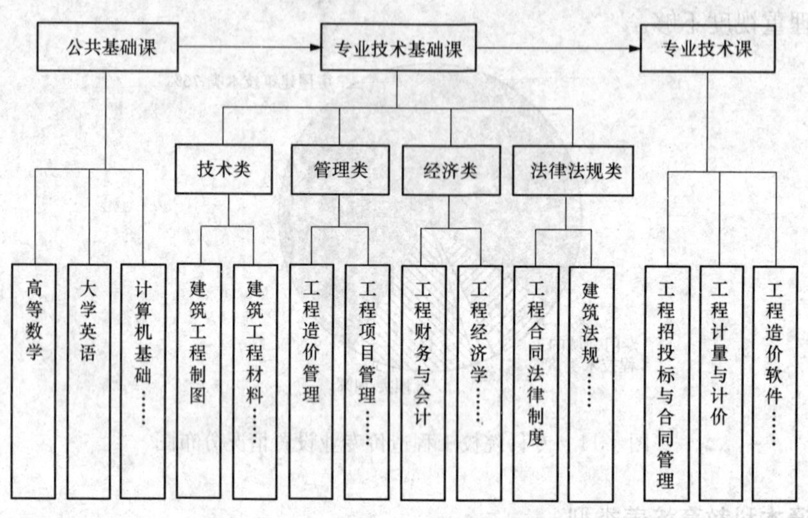

图 1-12 院校工程造价专业课程设置层级

1. 工程技术类院校人才培养模式

工程技术类院校重视学生的基础理论知识学习，但一部分学校明确指出注重实践能力的培养，包括实习、课程设计、工作坊等模式，缩短了学生毕业后融入工作适应工作的时间，提前使学生适应工作状态及培养团队合作精神。该类院校普遍开设的专业基础课有建筑工程制图、建筑工程材料、房屋建筑学、建筑力学、建筑法规、工程测量、运筹学；普遍开设的专业课有工程经济学、土木工程施工、工程定额原理、工程项目管理、工程招投标与合同管理、工程计量与计价、安装计量与计价等。

2. 管理类院校人才培养模式

开设在管理类学院的工程造价专业注重人才综合素质的培养，开设的管理类课程较多，注重学生以“工程价值”为核心的工程造价管理能力，培养学生成为能在工程建设各领域从事工程造价管理与监理的复合型、应用型技术人才。从其课程设置可以看出，管理类、经济类的课程一般是专业基础课，法律法规类、经济类的课程一般为专业课，而且也有学校设置了教学实践环节，如工作坊、课程设计等。该类院校普遍开设的专业技术基础课有建筑施工组织、工程项目管理、工程合同管理等；普遍开设的专业技术课有工程造价管理、工程计量与计价、工程造价应用软件等。

3. 专门领域工程技术类院校人才培养模式

开设在工程造价专科专业的专门领域工程技术类院校更加注重专门领域内的专业课程学习，针对性比较强，毕业生毕业后可直接进入相关专业工作。特别是高职类院校，以交通职业技术学院为例，其开设的课程多与公路工程有关，包括公路工程计量与控制、桥涵施工与计量、公路施工组织设计、公路工程造价、公路工程费用监理、公路建设招标与投标、公路工程定额与管理、公路工程案例分析等。

4. 财经类院校人才培养模式

对于开设在财经类院校的工程造价专业，侧重于培养学生投资和财务能力，致力于将学生培养成以经济分析理论与方法为基础，从事工程造价管理和工程财务管理等工作的一线技术经济应用型人才。其课程中技术类课程相对其他类院校占比较少，管理和经济类课程占有较大比例，而且经济类课程中除了会计、财务及经济类课程外，还包括审计、资产评估、项目评估等课程，多侧重于对学生的项目投资决策、项目评价、项目审计等方面能力的培养。

第五节　工程造价专业人才培养方案

本节以一个典型的工程造价专业应用型本科人才培养方案为例，通过学习，可以了解到高等院校本专业的人才培养目标、培养规格、教学内容和所学课程的安排。

工程造价（本科）专业人才培养方案

学科门类：管理学　代码：12

类别：管理科学与工程类　代码：1201

专业名称：工程造价　专业代码：120105

一、培养目标

培养适应国家基础设施建设和新型城镇化的需要，德、智、体、美全面发展，具备土木工程技术、管理学、经济学与法律等基本理论与基础知识，掌握现代工程造价的理论、方法和核心专业技能，“懂施工、精算量、善控价、敢创新、重责任”地在工程建设行业中从事工程决策咨询、全面工程造价管理及工程项目管理等工作的高素质应用型人才。

二、培养标准

毕业生应具备以下几方面的知识、能力和素养：

(1) 具有良好的工程职业道德、爱国敬业和艰苦奋斗的精神、较强的社会责任感和较好的人文素养；

(2) 具有基本的文献素养以及运用语言、文字、图形、计算机技术等进行工程表达和交流的基本能力；

(3) 具有从事工程造价工作所需的相关数学、自然科学、经济、管理、建筑法规等基本知识和素养；

(4) 掌握工程造价专业基础知识和基本理论，掌握工程制图与识图、建筑构造、工程材料、施工技术、定额原理、建筑工程计量与计价、工程造价管理等方面的基本知识和技能，了解本专业的发展现状和趋势；

(5) 具有工程制图、工程计量、工程计价的基本能力，具有提出、分析并解决工程造价实际问题的创新能力，具有工程造价控制综合能力；

（6）具有较好的组织管理能力，较强的交流沟通、环境适应和团队合作的能力。

三、能力结构体系及实现矩阵

1. 岗位一任务一能力分析

根据主要岗位群的典型工作任务，分析出专业核心能力，见表1-5。

表1-5　　岗位—任务—能力分析表

主要岗位（群）		典型工作任务	专业核心能力
工程造价咨询公司的专业技术人员	造价员	（1）建筑图、结构图、设备图的识读； （2）工程量的计算； （3）计价文件编制	绘：造价算量图、方案图；算：手工计算工程量；计：估算编制、概算编制、招投标文件编制、决算编制
	造价师	（1）工程套价与成果文件编制； （2）招投标文件编制； （3）合同文件拟订与谈判； （4）成本咨询与管理	计：估算编制、概算编制、招投标文件编制、决算编制；优：融资方案优化、资金计划编制、成本控制方案；控：全面造价、投资管理体系构建与运营
建设单位工程项目投资管理人员	投资专员	（1）投资决策方案优化与评价； （2）资金计划、成本控制； （3）工程项目估算、概算、预算、结算、决算等的编制与审核	绘：造价算量图、方案图；算：手工计算工程量；投资基本理论掌握；计：估算编制、概算编制、招投标文件编制、决算编制；优：融资方案优化，资金计划编制、建设方案优化
	投资总监	（1）投资决策分析； （2）工程项目成本管理体系建立与运营； （3）工程项目运营与管理； （4）融资方案编制、融资实务	计：估算编制、概算编制、招投标文件编制、决算编制；优：融资方案优化、资金计划编制、建设方案优化；控：全面造价、投资管理体系构建与运营
建筑企业成本控制人员	预算员 成本员	（1）投资决策方案优化与评价； （2）资金计划、成本控制； （3）项目估算与项目概算编制及审核； （4）结算编制、投标文件编制； （5）成本预测、估算、计划、控制、核算、分析、考核	计：估算编制、概算编制、投标标文件编制、结算编制、决算编制，企业定额制定、成本控制方案编制与实施能力、工程结算实务；优：融资方案优化，资金计划编制、建设方案优化、成本控制方案优化
	成本经理、成本总监	（1）融资方案编制、融资实务； （2）成本管理体系构建与运行； （3）施工合同管理	计：招投标文件编制、结算、决算编制与审核；优：融资方案优化，资金计划编制、建设方案优化、施工方案优化；控：全面造价、投资管理体系构建与运营

2. 专业能力实现矩阵

根据分析出专业核心能力，得到专业能力实现矩阵见表1-6。

表 1-6　**专业能力实现矩阵表**

核心能力划分	能力级别	专业核心能力描述	实现方式	对应课程
绘（绘制）	基础能力	绘制规划图、施工图、方案图、算量图（理论、方法、技巧）	开设计算机应用教学、工程制图、房屋建筑学等专业基础课程，课堂讲授与上机训练相辅相成，重视实践操作；通过房屋建筑学课程设计，计算机辅助工程造价；以教学平台实验环节、开展创新实践活动为载体，鼓励学生自己动手；开展CAD、BIM造价类软件应用比赛	计算机基础知识、工程制图、建筑CAD、房屋建筑学课程设计、计算辅助工程造价
识（识读）	基础能力	识读建筑图、结构图、设备图、规划图、勘测图等（理论、方法、技巧）	开设工程结构、建筑设备、建筑识图等专业基础课程；通过工程结构课程设计，建筑、结构、设备施工图图纸会审，钢筋下料单编制，建筑施工放样，道路施工放样，提升能力	建筑材料、工程结构、建筑设备、房屋建筑学、建筑工程识图
算（算量）	基础能力	计算建筑、装饰、建筑电气、市政工程量（掌握算量规则、手工算量方法）	开设定额原理、建筑与装饰工程计量与计价、安装工程计量与计价，市政工程计量与计价等课程，以课堂面授为主，重视理论与实践相结合，设置合理的学习任务；通过以工程案例形式实现课程课内实训、课程设计实训，培养工程算量能力；通过造价算量新规则的学习，通过小组团队合作、分组讨论，形成较强学习能力和团队学习能力	定额原理、建筑与装饰工程计量与计价、安装工程计量与计价、市政工程计量与计价
计（计价）	进阶能力	编制与审核估算、概算、预算、招标控制价、投标价、结算价、决算价的文件	开设建筑与装饰工程计量与计价、安装工程计量与计价、市政工程计量与计价等课程；通过在全生命周期造价管理实训馆以案例实训，实现理论与实际结合，培养工程造价确定能力；通过参加工程造价大赛，通过参加生产实习；严格地、较高要求地完成毕业实习与设计	房地产计量与计价、工程量清单计价、工程造价综合实训
优（优化）	进阶能力	优化与评价工程规划与建设方案、可行性研究、设计方案、施工方案、项目管理规划方案	开设工程力学、工程结构、工程经济学、建筑施工技术与组织等课程；以课堂面授为主、重视理论与实践相结合、设置合理的学习任务；以认知实习、测量实习、施工实习、毕业实习环节为载体，设置相应任务；开展相关课程设计	工程力学、工程结构、建筑施工技术与组织、工程结构课程设计、工程经济学课程设计、建筑施工技术与组织课程设计
控（控制）	综合能力	全过程、全面工程造价管理体系构建，全过程、全面成本控制体系建立与运行（理论、方法、实务）	开设工程造价管理、工程项目管理、成本计划与控制、招投标与合同管理等课程，以课堂面授为主、重视理论与实践相结合、设置合理的学习任务；通过课程设计、鼓励师生互动讨论，培养方案制订的严密专业思维，布置相关专业理论为课题调研，激发学生思考；提供工程实践机会，实现控制体验	工程造价管理、工程项目管理、成本计划与控制、招投标与合同管理、房地产开发与经营、工程监理、招投标与合同管理课程设计、工程项目管理沙盘
德（品德）	综合能力	知、守、用建筑法规；基础扎实、做事踏实、为人诚实的“三实”精神培养与教育；职业道德教育	以课堂讲授为主要方式，讲授哲学、历史、社会学等社科知识，经济学、管理学等知识；开设建设法规，房地产开发与经营，适当开展案例教学；通过课程设计、课程任务、案例讲授	文理通识教育课程，经济学、管理学、建设法规、工程项目管理、工程造价管理前沿

四、学位课程

1. 主干学科

包括土木工程技术、工程造价计价与管理、工程经济。

2. 学位课程

马克思主义基本原理概论、毛泽东思想和中国特色社会主义理论体系概论、大学英语、计算机应用与网络（办公自动化）、高等数学、土木工程概论、工程造价专业导论、管理学、经济学、运筹学、工程经济学与项目评价、房屋建筑学、工程制图、工程材料、工程力学、工程结构、工程测量、建筑施工技术与组织、建筑法规、建筑与装饰工程计量与计价、工程招投标与合同管理、工程造价管理、工程项目管理、工程定额原理、安装工程计量与计价等。

五、基本学制与修业年限

基本学制：4 年；

修业年限：3～6 年。

六、毕业学分与授予学位

毕业学分：188 学分；

学位课程：77 学分；

授予学位：管理学学士。

七、职业资格证书、学科竞赛与创新创业教育

1. 职业资格证书

实施多证书制，鼓励学生考取 1 门以上职业资格证书，工程造价专业学生可以考取施工员、测量员、预算员、造价员、资料员、安全员等资格证书。

2. 学科竞赛

组织学生参加 BIM 大赛、结构设计大赛、工程测量大赛、工程造价算量大赛等全国性比赛。

3. 创新创业教育

鼓励学生参加“挑战杯”等创新创业大赛。

八、教学任务实施方案

（1）课程与教学进程安排见表 1-7。

（2）实践课程模块安排见表 1-8。

（3）校外联合培养实践教学环节安排见表 1-9。

（4）专业技能训练与学科竞赛安排见表 1-10。

（5）课程结构比例及学时学分分配见表 1-11～表 1-15。

九、有关说明

（1）本专业人才培养采用“3＋0.5＋0.5”培养模式，即 3 学年的课内集中理论和实践教学（第 1～6 学期）＋0.5 学年的工程实习（第 7 学期）＋0.5 学年的校内毕业设计（第 8 学期）。

（2）第 7 学期的工程实习分为建筑安装工程造价和市政与园林工程造价两大类实习岗位。建筑安装工程造价员岗位包括建筑安装工程识图、建筑算量、安装算量、建筑安装工程预算、建筑安装工程结算文件编制等 5 个实践教学环节；市政与园林工程造价员岗位包括测建筑安装工程识图、市政与园林工程测量及施工、市政工程预算、园林工程预算和建筑工程施工技术资料编制等 5 个实践环节。每个实践环节约 2 学分，共 9 学分，详见表 1-9。

表 1-7　课程与教学进程安排

课程类别		课程代码	课程名称	学分	学时分配			考试形式	开设学期	开课单位
					学时	理论	实践			
通识教育课程	必修课程	TS0010202	中国近现代史纲要	2	32	32		分散	1	公管
		TS0010201	思想道德修养与法律基础	3	45	30	15	分散	2	公管
		TS0010203	马克思主义基本原理概论*	3	96	64	32	集中	3	公管
		TS0010204	毛泽东思想和中国特色社会主义理论体系概论*	6	60	60		集中	4	公管
		TS0020601	大学英语 A1	4	64	64		集中	1	外语
		TS0020602	大学英语 A2	4	64	64		集中	2	外语
		TS0020603	大学英语 A3	4	64	64		集中	3	外语
		TS0020604	大学英语 A4*	4	64	64		集中	4	外语
		TS0030801	大学体育 1	1	30	4	26	分散	1	体育
		TS0030802	大学体育 2	1	32	4	28	分散	2	体育
		TS0030803	大学体育 3	1	32	4	28	分散	3	体育
		TS0030804	大学体育 4	1	32	4	28	分散	4	体育
		TS0041102	计算机应用基础 B*	2	30	15	15	集中	1	软件
		TS0041103	VB 程序设计	4	64	32	32	集中	2	软件
			小　计	40	709	505	204			
	选修课程	精品类课程		2	32	32			2～5	教学部
		普通类课程		3	48	48			2～5	教学部
		讲座类课程		1		在校期间至少听 5 个讲座			2～5	教学部
		说明：必选《大学生创业基础》课程								
			小　计	6	80	80				
学科基础课程	必修课程	ZJ0061003	高等数学 B1*	4	60	60		集中	1	数财
		ZJ0061004	高等数学 B2	2	32	32		集中	2	数财
		ZJ0061008	线性代数	2	32	32		集中	2	数财
		ZJ0061009	概率论与数理统计	3	48	48		集中	3	数财
		04126141	土木工程概论*	2	30	30		集中	1	建工
		04126106	工程制图*	3	45	40	5	集中	1	建工
		04126107	建筑 CAD	2	32	8	24	分散	2	建工
		04126108	房屋建筑学*	4	64	60	4	集中	2	建工
		16114104	工程材料*	3	48	36	12	集中	3	建工
		04126111	工程测量*	2.5	40	32	8	集中	3	建工
		04126202	建筑工程识图	2	32	24	8	分散	4	建工
		04126124	土力学与地基基础	3	48	36	12	集中	4	建工
			院通平台课程小计	32.5	511	438	73			建工

续表

课程类别		课程代码	课程名称	学分	学时分配			考试形式	开设学期	开课单位
					学时	理论	实践			
专业课程	必修课程	04126141	工程造价专业导论*	1	15	15		分散	1	建工
		04126126	经济学*	3	48	48		集中	2	经管
		04126109	工程力学*	4	64	48	16	集中	2	建工
		04126304	管理学*	3	48	48		集中	3	经管
		04126142	工程结构*	4	64	56	8	集中	3	建工
		04126143	运筹学*	2	32	28	4	集中	3	经管
		04126112	工程经济学与项目评价*	3	48	40	8	集中	4	建工
		04126144	建筑设备	2	32	26	6	集中	4	建工
		04126145	工程定额原理*	2	32	26	6	集中	4	建工
		04126205	建筑施工技术与组织*	4	64	56	8	集中	4	建工
		04126241	工程项目投资与融资	2	32	28	4	分散	4	建工
		04116239	建设法规*	2.5	40	34	6	集中	5	建工
		04126146	安装工程识图与施工技术	2	32	26	6	分散	5	建工
		04126129	建筑与装饰工程计量与计价*	4	64	56	8	集中	5	建工
		04126103	工程财务与会计	3	48	32	16	集中	5	建工
		04126211	工程项目管理*	3	48	32	16	集中	5	建工
		04126228	工程量清单(建筑安装工程)	2	32	16	16	分散	5	建工
		04126212	房地产估价	2	32	26	6	集中	5	建工
		04126209	工程造价管理*	3	48	40	8	集中	6	建工
		04126208	工程招投标与合同管理*	2	32	24	8	集中	6	建工
		04126147	市政工程计量与计价	2	32	24	8	分散	6	建工
		04126148	安装工程计量与计价*	2	32	24	8	集中	6	建工
		04126149	计算机辅助工程造价	3	48		48	分散	6	建工
		04126236	建筑工程成本计划与控制	2	32	24	8	分散	6	建工
		04126253	项目决策分析与评价	2	32	16	16	分散	6	建工
		04126312	建筑企业经营与管理	2	32	24	8	分散	6	建工
		04126150	工程造价管理前沿	1	16	16		分散	8	建工
		专业与职业岗位课程小计		67.5	1079	833	246			
专业课程	选修课程	04126243	国际工程管理	2	32	24	8	分散	8	建工
		04126404	房地产经纪	2	32	24	8	分散	8	建工
		04126260	BIM 应用技术	2	32	24	8	分散	8	建工
		04126139	山地城市与轨道交通	2	32	24	8	分散	5	建工
		04126261	村镇建筑	2	32	24	8	分散	5	建工
		04126262	智能建筑趋势分析	2	32	24	8	分散	5	建工

续表

课程类别		课程代码	课程名称	学分	学时分配			考试形式	开设学期	开课单位
					学时	理论	实践			
专业课程	选修课程	04126263	工程质量检测技术	2	32	24	8	分散	6	建工
		04126264	工程灾害事故分析	2	32	24	8	分散	6	建工
		04126256	物业管理	2	32	24	8	分散	6	建工
		04126439	工程管理信息系统	2	32	24	8	分散	8	建工
		40126240	城市规划	2	32	24	8	分散	8	建工
		04126242	工程监理	2	32	24	8	分散	8	建工
		04126265	建筑工程项目运营实务	2	32	24	8	分散	8	建工
		特色课程小计（选修8学分）		8	128	96	32			
实践课程模块		详见：实践教学模块安排表		34						
总计				188	2507	1949	558			

备注：

1. “思政课”的实践教学在暑假安排学生进行社会调查，由思政课教学部制订方案，院党总支组织实施。
2. “形势与政策”课程以专题讲座形式开设，每学期开设4学时的讲座，共32学时，计2学分，由思政课教学部确定课题和教师，院党总支组织实施。
3. 大学生周末思想教育课程总学时为108学时，总计2学分，其中理论学时90学时，实践学时18学时，开设在1～6学期；具体由学校学工部组织实施和学分认定。
4. 就业指导课由学工部制订方案、院党总支组织实施，共10学时，计0.5学分。
5. 加“*”课程为学位课程。
6. 特色课程作为选修课程，需修满8学分

表 1-8　实践课程模块安排表

实践教学模块	课程/项目名称	学时/时长	学分	开设学期	备注
军事训练模块	军事理论与训练	2周	2	1	
实验实训模块	工程制图实训	8学时	课内含	1	建工
	建筑CAD实训	24学时	课内含	2	建工
	工程力学实验	16学时	课内含	2	建工
	工程测量实验	8学时	课内含	3	建工
	工程材料实验	8学时	课内含	3	建工
	土力学实验	12学时	课内含	4	建工
工程训练模块	工程测量训练	1周	1	3	建工
	工程结构设计训练	8学时	课内含	3	建工
	工程项目评价训练	8学时	课内含	4	建工
	建筑工程识图训练	12学时	课内含	4	建工
	工程项目管理训练	16学时	课内含	5	建工
	工程量清单训练	16学时	课内含	5	建工
	计算机辅助工程造价训练	48学时	课内含	6	建工
	建筑工程成本计划与控制	8学时	课内含	6	建工
	工程技能训练及证书	2周	2	3—7	建工

续表

实践教学模块	课程/项目名称	学时/时长	学分	开设学期	备注
课程设计模块	房屋建筑学课程设计	1周	1	2	建工
课程设计模块	工程结构课程设计	1周	1	3	建工
课程设计模块	工程经济学与项目评价课程设计	1周	1	4	建工
课程设计模块	施工技术与组织课程设计	1周	1	4	建工
课程设计模块	招投标与合同管理课程设计	1周	1	6	建工
实习教学模块	认知实习	1周	1	2～3	建工
实习教学模块	工程造价专业见习	1周	1	3～4	建工
实习教学模块	工程造价专业实习（工程造价综合实训）	4周	4	5	建工
综合实践模块	学年论文	1周	1	6	建工
综合实践模块	毕业实践（实习）	18周	9	7	建工
综合实践模块	毕业论文（设计）	11周	8	8	建工
	合　计		34		

（3）第二课堂课外必修10学分。

1）科技活动。参加各类学术讲座、学生开放性实验、结构设计竞赛、力学竞赛、CAD设计竞赛、测量技能竞赛等。

2）社会实践。参加工程管理专业知识方面调查、支教、假期下工地实习等。

3）学生参与科研。从事自行申报的各类科研项目研究或参与教师的科研工作等。

4）专业技能考证。参加国家、省、市建设、劳动、人事等行政主管部门组织的助理造价工程师、施工员、质检员、安全员、材料员等的专业技能认证考证，并获得相关资格证书。

5）参加学校及学院组织的各类公益劳动。

表1-9　　校外联合培养实践教学环节安排（毕业实习）

序号		细分名称	学分	考核评价方式
工程造价咨询公司的专业技术人员	1	建筑安装工程识图	2	（1）实习日志查阅、校内外指导教师综合评价、实习总结及答辩综合考核；（2）准毕业生核心技能考核
工程造价咨询公司的专业技术人员	2	建筑算量	2	（1）实习日志查阅、校内外指导教师综合评价、实习总结及答辩综合考核；（2）准毕业生核心技能考核
工程造价咨询公司的专业技术人员	3	安装算量	2	（1）实习日志查阅、校内外指导教师综合评价、实习总结及答辩综合考核；（2）准毕业生核心技能考核
工程造价咨询公司的专业技术人员	4	建筑安装工程预算	2	（1）实习日志查阅、校内外指导教师综合评价、实习总结及答辩综合考核；（2）准毕业生核心技能考核
工程造价咨询公司的专业技术人员	5	建筑安装工程结算文件编制	1	（1）实习日志查阅、校内外指导教师综合评价、实习总结及答辩综合考核；（2）准毕业生核心技能考核
合计学分			9	（1）实习日志查阅、校内外指导教师综合评价、实习总结及答辩综合考核；（2）准毕业生核心技能考核
建筑企业成本控制人员	1	成本计划与控制	2	（1）实习日志查阅、校内外指导教师综合评价、实习总结及答辩综合考核；（2）准毕业生核心技能考核
建筑企业成本控制人员	2	工程签证单及签证	2	（1）实习日志查阅、校内外指导教师综合评价、实习总结及答辩综合考核；（2）准毕业生核心技能考核
建筑企业成本控制人员	3	建筑工程施工技术资料编制	2	（1）实习日志查阅、校内外指导教师综合评价、实习总结及答辩综合考核；（2）准毕业生核心技能考核
建筑企业成本控制人员	4	投标文件编制	2	（1）实习日志查阅、校内外指导教师综合评价、实习总结及答辩综合考核；（2）准毕业生核心技能考核
建筑企业成本控制人员	5	建筑安装工程结算文件编制	1	（1）实习日志查阅、校内外指导教师综合评价、实习总结及答辩综合考核；（2）准毕业生核心技能考核
合计学分			9	（1）实习日志查阅、校内外指导教师综合评价、实习总结及答辩综合考核；（2）准毕业生核心技能考核

表 1-10　　专业技能训练与学科竞赛安排

能力项目	课程名称	训练项目	学科竞赛项目	学期
识、绘	房屋建筑学 建筑 CAD	建筑设计及建筑施工图绘制	BIM 大赛	4
优、设	工程结构	混凝土结构设计	结构设计大赛	5
测、算	工程测量	建筑放样、道路放样	工程测量大赛	3
算、计	建筑与装饰工程估价、计算机辅助工程造价	土建算量软件、钢筋算量软件、工程计价软件	工程造价算量大赛	6

注　以上项目中，组织学生参加工程测量大赛、工程造价算量大赛、BIM 大赛三项学科竞赛，鼓励学生参加其余学科竞赛项目。

表 1-11　　教学计划总学分数构成

教学计划总学分数	理论教学		实践教学	
	学分数	比例	学分数	比例
188	121	64.4	67	35.6

表 1-12　　课程分类计划学分数和学时数比例分配表

岗位模块名称	课程分类	通识教育课程		专业基础课程	专业技术课程		践课程模块	合计
		必修课程	选修课程	专业平台课程	职业岗位群课程	特色选修课程		
工程造价	学分数	40	6	32.5	67.5	8	34	188
	占总学分%	21.3	3.2	17.3	35.9	4.3	18.1	
	学时数	709	80	511	1079	128		2507
	占总学时%	28.3	3.2	20.4	43.0	5.1		

注　总学时包括通识教育课程、专业基础课程和专业技术课程学时数，不包括集中性实践教学环节。

表 1-13　　实践教学环节构成及其学分比例

教学计划总学分数	实践教学计划学分		课内实践教学（包括实验实训）		集中实践教学（包括认知实习、专业实习、技能训练、毕业实习、毕业论文、军训、其他）	
	学分数	比例（%）	学分数	比例（%）	学分数	比例（%）
188	65	34.6	33	17.6	34	18.1

表 1-14　　选修课学分数构成

教学计划总学分数	选　修　课		公共选修课		专业选修课	
	学 分 数	比例（%）	学 分 数	比例（%）	学 分 数	比例（%）
188	14	7.4	6	3.2	8	4.2

表 1-15 学期课时分布表

学期	1	2	3	4	5	6	7	8
周学时	18	32	30	32	25	27	实习	8

阅读材料

职业规划你知多少？

职业规划，又称为“职业生涯规划”“职业生涯设计”，在学术界人们也喜欢叫“生涯规划”，在有些地区，也有一些人喜欢用“人生规划”来称呼，其实表达的都是同样的内容。职业规划是指个人与组织相结合，在对一个人职业生涯的主客观条件进行测定、分析、总结的基础上，对自己的兴趣、爱好、能力、特点进行综合分析与权衡，结合时代特点，根据自己的职业倾向，确定其最佳的职业奋斗目标，并为实现这一目标做出行之有效的安排及计划。

一、职业规划方法

许多职业咨询机构和心理学专家进行职业咨询和职业规划时常常采用的一种方法就是有关 5 个“W”的思考的模式。从问自己是谁开始，然后顺着问下去，共有 5 个问题。

1. 我是谁

第一个问题“我是谁”，应该对自己进行一次深刻的反思，有一个比较清醒的认识，优点和缺点，都应该一一列出来。

2. 我想干什么

第二个问题“我想干什么”是对自己职业发展的一个心理趋向的检查。每个人在不同阶段的兴趣和目标并不完全一致，有时甚至是完全对立的，但随着年龄和经历的增长而逐渐固定，并最终锁定自己的终身理想。

3. 我能干什么

第三个问题“我能干什么”则是对自己能力与潜力的全面总结，一个人职业的定位最根本的还要归结于他的能力，而他职业发展空间的大小则取决于他自己的潜力。对于一个人潜力的了解应该从几个方面着手去认识，如对事的兴趣、做事的韧力、临事的判断力及知识结构是否全面、是否及时更新等。

4. 环境支持或允许我干什么

第四个问题“环境支持或允许我干什么”，这种环境支持在客观方面包括本地的各种状态如经济发展、人事政策、企业制度、职业空间等，人为主观方面包括同事关系、领导态度、亲戚关系等，两方面的因素应该综合起来看。有时我们在职业选择时常常忽视主观方面的东西，没有将一切有利于自己发展的因素调动起来，从而影响了自己的职业切入点。而在国外通过同事、熟人的引进找到工作是最正常的事也是最容易的事。当然我们应该知道这和一些不正常的“走后门”等歪门邪道有着本质的区别，这种区别就是这里的环境支持是建立在自己的能力之上的。

5. 自己最终的职业目标是什么

明晰了前面四个问题，就会从各个问题中找到对实现有关职业目标有利和不利的条件，列出不利条件最少的、自己想做而且又能够做的职业目标，那么第五个问题有关“自己最终的职业目标是什么”自然就有了一个清楚明了的框架。最后，将自我职业生涯计划列出来，建立形成个人发展计划书档案，通过系统地学习、培训，实现就业理想目标：选择一个什么样的单位，预测自我在单位内的职务提升步骤，个人如何从低到高逐级而上。例如，从技术员做起，在此基础上努力熟悉业务领域、提高能力，最终达到技术工程师的理想生涯目标；预测工作范围的变化情况，不同工作对自己的要求及应对措施；预测可能出现的竞争，如何相处与应对，分析自我提高的可靠途径；如果发展过程中出现偏差，如果工作不适应或被解聘，如何改变职业方向。

二、调整职业规划

根据个人需要和现实变化，不断调整职业发展目标与计划。职场上常说，“计划赶不上变化”。对于自己碰到的问题和环境，需要及时调整。根据职业方向选择一个对自己有利的职业和能够实现自我价值的单位，是每个大学生的良好愿望，也是实现自我的基础，但这一步的迈出要相当慎重。就人生第一个职业而言，它往往不仅是一份单纯的工作，更重要的是它会初步使你了解职业、认识社会，一定意义上它是你的职业启蒙老师。最后，提醒大学生们，人生成功的秘密在于机会来临时，你已经准备好了！机遇对于任何人来说都是平等的，千万别在机遇面前说抱歉！

三、制订行动计划

制订好一系列的职业发展规划后，如何将其最终落实是每个规划制订者所必须考虑并面对的一个问题。做一个好的计划若没有实施上的细则，就无法保证计划顺利进行。应对职场纷繁信息和变动选择的成功法则就是必须建立有效的信息整理、分析和筛选系统，再结合自身竞争力合理规划职业生涯。这样才能在职业发展过程中凭借良好的职场敏感度达到职业成功的彼岸。

四、工程造价职业发展路线

造价工程师的发展方向是成本控制。这个方向重点关注施工的成本与造价，通过对工程施工步骤的分解、对工程成本进行分析和预测、对各个施工环节进行核算，以达到合理安排施工工序、控制工程成本的目的。

发展线路：造价员→助理造价工程师→造价工程师→经营经理→总经济师。

其中，造价工程师是一个执业资格，也是工程造价专业能力水平的一个分水岭、一个台阶。

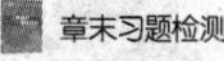

扫描二维码，查看分享内容

1. 何谓自然科学？何谓社会科学？

2. 简述我国现行的管理学学科体系，并叙述本专业的内涵。

3. 你为什么报考工程造价专业？你所了解到的学习工程造价专业后未来从事的职业是什么？谈谈自己对未来的设想。

4. 简述我国工程造价专业的发展历程。

5. 对工程造价专业人才素质的要求有哪些？

6. 你在入学前的工作意向和工程造价专业的培养目标一致吗？如果一致，你准备怎样实现培养目标？如果不一致，你准备怎样进行调整？

第二章　工程造价专业基础知识

第一节　建设工程与建设项目

一、建设工程的概念

建设工程是指为人类生活、生产提供物质技术基础的各类建（构）筑物和工程设施。建设工程按自然属性可分为建筑工程、土木工程和机电工程三大类，在理解建设工程的概念时需要明确以下三个术语。

1. 建筑工程

建筑工程是供人们进行生产、生活或其他活动的房屋和场所。建筑工程按使用性质可以分为民用建筑工程、工业建筑工程、构筑物工程和其他建筑工程。

（1）民用建筑工程。非生产性的居住建筑和公共建筑，如住宅（如图 2-1 所示）、办公楼、幼儿园、学校、食堂、影剧院、商店、体育馆、旅馆、医院（如图 2-2 所示）、展览馆等。

图 2-1　某商住楼

图 2-2　某医院

（2）工业建筑工程。提供生产用的各种建筑物，如车间、厂区建筑（如图 2-3 所示）、动力站、与厂房相连的生活间、厂区内的库房和运输设施等。

（3）构筑物工程。为某种使用目的而建造的、人们不直接在其内部进行生产和生活活动的实体或附属建筑设施。如水塔（如图 2-4 所示）、水池（如图 2-5 所示）、过滤池、澄清池、沼气池、烟囱等。

2. 土木工程

土木工程是指建造在地上或地下、陆上或水中，直接或间接为人类生活、生产、科研等服务的各类工程。土木工程可分为道路工程、轨道交通工程、桥涵工程、隧道工程、水工工程、矿山工程、架线与管沟工程和其他土木工程。

图 2-3　某厂区建筑

图 2-4　某水塔

图 2-5　某水池

（1）道路工程。道路工程可分为公路工程（如图 2-6 所示），城市道路工程（如图 2-7

图 2-6　某公路工程

所示）、机场场道工程，厂矿、林区专用道路工程和其他道路工程。

图 2-7　某城市道路工程

（2）轨道交通工程。轨道交通工程可分为铁路工程（如图 2-8 所示）、城市轨道交通工程（如图 2-9 所示）和其他轨道工程。

图 2-8　某铁路工程

图 2-9　某城市轨道交通工程

（3）桥涵工程。桥涵工程可分为桥梁工程（如图 2-10 所示）和涵洞工程（如图 2-11 所示）两大类。

图 2-10　某桥梁工程

图 2-11　某涵洞工程

（4）隧道工程。隧道工程（如图 2-12 所示）可分为洞身工程、洞门工程、辅助坑道工程及其他隧道工程。

图 2-12 某隧道工程

（5）水工工程。水工工程可分为水利水电工程（如图 2-13 所示）、港口工程、航道工程及其他水工工程。

图 2-13 三峡工程

（6）矿山工程。矿山工程可分为地下矿山工程、露天矿山工程（如图 2-14 所示）、矿山配套工程三大类。

图 2-14 某露天矿山工程

（7）架线与管沟工程。架线与管沟工程可分为架线工程（如图 2-15 所示）和管沟工程（如图 2-16 所示）两大类。架线工程可分为送变电架线工程、电线架线工程、城市及道路架线工程；管沟工程可分为油、气、水、浆等远程输送各类介质的管沟工程、城市（公共）管沟工程和其他管沟工程。

（8）其他土木工程。其他土木工程指上述土木工程以外的土木工程。

图 2-15 某架线工程

图 2-16 某管沟工程

3. 机电工程

机电工程是指按照一定的工艺和方法，将不同规格、型号、性能、材质的设备、管路、线路等有机组合起来，满足使用功能要求的工程。机电工程（如图 2-17 所示）可分为机械设备工程、静设备与工艺金属结构工程、电气工程、自动化控制仪表工程、建筑智能化工程、管道工程、消防工程、净化工程、通风与空调工程、设备及管道防腐与绝热工程、工业炉工程、电子与电信及广电工程等。

图 2-17 某机电工程

二、建设工程的分类

建设工程除可按自然属性分类以外，还可按使用功能分为房屋建筑工程、铁路工程、公路工程、水利工程、市政工程、煤炭矿山工程、水运工程、海洋工程、民航工程、商业与物资工程、农业工程、林业工程、粮食工程、石油天然气工程、海洋石油工程、火电工程、水电工程、核工业工程、建材工程、冶金工程、有色金属工程、石化工程、化工工程、医药工程、机械工程、航天与航空工程、兵器与船舶工程、轻工工程、纺织工程、电子与通信工程和广播电影电视工程等；各行业建设工程可按自然属性进行分类和组合。

在一个建设工程项目中，可能包括许多单项工程、单位工程、分部工程和分项工程，既包括建筑工程、土木工程，也包括机电安装工程，为了确保单项工程或者单位工程按照自然属性规则分解或者复原，作为一个房屋建筑有效组成部分的给排水工程、采暖、通风与空调工程、电梯等划入机电工程，土木工程不再包含建筑工程和机电工程，机电工程不再包含土木工程和建筑工程。

在以后的专业课程学习中，学习的专业知识《建设工程工程量清单计价规范》（GB 50500—2013）中的“建设工程”分类情况如下面的“小知识”介绍。

小知识

《建设工程工程量清单计价规范》(GB 50500—2013)

为了进一步适应建设市场的发展，借鉴国外经验，总结我国工程建设实践，进一步健全、完善计价规范。住房城乡建设部标准定额研究所、四川省建设工程造价管理总站作为主编单位，于 2012 年 6 月完成了国家标准《建设工程工程量清单计价规范》（GB 50500—2013）（简称《计价规范》）修订和 8 本“计算规范”（见表 2-1）的编制任务，自 2013 年 7 月 1 日开始实施。

表 2-1　“计算规范”明细表

序号	标　准	名　称
1	GB 50854—2013	《房屋建筑与装饰工程工程量计算规范》
2	GB 50855—2013	《仿古建筑工程工程量计算规范》
3	GB 50856—2013	《通用安装工程工程量计算规范》
4	GB 50857—2013	《市政工程工程量计算规范》
5	GB 50858—2013	《园林绿化工程工程量计算规范》
6	GB 50859—2013	《矿山工程工程量计算规范》
7	GB 50860—2013	《构筑物工程工程量计算规范》
8	GB 50861—2013	《城市轨道交通工程工程量计算规范》

三、建设项目的概念

建设项目是以建设工程为载体的项目，它以建筑物或构筑物为目标产出物，需要支付一定的费用、按照一定的程序、在一定时间内完成的一次性工程建设任务。建设项目是按一个总体规划或设计进行建设的，由一个或若干个单项工程组成的工程总和。在理解建设工程的概念时需要明确以下 4 个术语。

1. 单项工程

单项工程是指具有独立的设计文件，竣工后可以独立发挥生产能力或工程效益的工程。

单项工程是建设工程项目的组成部分，一个工程项目由一个或多个单项工程组成。如某工厂建设项目中的生产车间、办公楼、住宅等即可称为单项工程；某学校（如图 2-18 所示）建设项目中的教学楼、食堂、宿舍等也可称为单项工程。

图 2-18　某学校俯瞰图

2. 单位工程

单位工程具有独立的设计文件，具备独立施工条件并能形成独立使用功能，但竣工后不能独立发挥生产能力或工程效益的工程，是构成单项工程的组成部分。

如工业建筑生产车间这个单项工程一般是由建筑工程、设备安装工程两个单位工程组成的。民用建筑工程中办公楼单项工程一般是由土建工程、采暖工程、通风工程、照明工程以及热力设备及安装工程、电气设备及安装工程等单位工程组成的。单项工程和单位工程的区别主要是看它竣工后能否独立地发挥整体工程效益或生产能力。

3. 分部工程

分部工程是单位工程的组成部分，系按结构形式、工程部位、路段长度及施工特点或施工任务将单位工程划分为若干个项目单元。

一般房屋建筑工程的分部工程包括土（石）方工程、桩与地基基础工程、砌筑工程、混凝土及钢筋混凝土工程、厂库房大门特种门、木结构工程、金属结构工程、屋面及防水工程等多个分部工程。例如，《房屋建筑与装饰工程工程量计算规范》（GB 50854—2013）中附录部分（见表 2-2）就是按分部工程划分的。

表 2-2　《房屋建筑与装饰工程工程量计算规范》（GB 50854—2013）附录

序号	章　节	分部工程名称	分部工程代码
1	附录 A	土石方工程	0101
2	附录 B	地基处理与边坡支护工程	0102
3	附录 C	桩基工程	0103
4	附录 D	砌筑工程	0104
5	附录 E	混凝土及钢筋混凝土工程	0105

续表

序号	章　节	分部工程名称	分部工程代码
6	附录 F	金属结构工程	0106
7	附录 G	木结构工程	0107
8	附录 H	门窗工程	0108
9	附录 J	屋面及防水工程	0109
10	附录 K	保温、隔热、防腐工程	0110
11	附录 L	地面装饰工程	0111
12	附录 M	墙、柱面装饰与隔断、幕墙工程	0112
13	附录 N	天棚工程	0113
14	附录 P	油漆、涂料、裱糊工程	0114
15	附录 Q	其他装饰工程	0115
16	附录 R	拆除工程	0116
17	附录 S	措施项目	0117

4. 分项工程

分项工程是分部工程的组成部分，系按不同施工方法、材料、工序及路段长度等将分部工程划分为若干个项目单元。

分项工程是施工图预算中最基本的计算单位，它又是概预算定额的基本计量单位，故也称为“工程定额子目”或“工程细目”，将分部工程进一步划分的。

小知识

工程量清单中12位阿拉伯数字的含义

工程量清单中每一个子目都有唯一的项目编码与之相对应，项目编码是分部分项工程工程量清单项目名称的数字标识，应采用12位阿拉伯数字表示。一至九位应按工程量清单计量规范中的附录规定设置，十至十二位应根据拟建工程的工程量清单项目名称和项目特征设置，同一招标工程的项目编码不得有重码。

各级编码代表含义如下：

××　　××　　××　　××　　××

第一级　第二级　第三级　第四级　第五级

(1) 第一级表示专业工程代码（分两位）。01—房屋建筑与装饰工程、02—仿古建筑工程、03—通用安装工程工程、04—市政工程、05—园林工程、06—矿山工程、07—构筑物工程、08—城市轨道交通工程、09—爆破工程。

(2) 第二级表示附录分类顺序码（分两位），如0104为房屋建筑与装饰工程第四章“砌筑工程”。

(3) 第三级表示分部工程顺序码（分两位），如010401为房屋建筑与装饰工程第四章“砌筑工程”的第一节“砖砌体”。

(4) 第四级表示分项工程“项目名称”顺序码（分三位），010401003为第四章第一节

“砖砌体”中的“实心砖墙”。

（5）第五级表示拟建工程清单项目顺序码（分三位）。由编制人依据项目特征和工作内容的区别，一般情况从001开始，共999个编码可供使用，如010401003×××。

四、建设项目的组成

由建设项目的概念中可以看出一个建设项目可由一个或若干个单项工程组成，工程项目可进一步细分为单项工程、单位工程、分部工程和分项工程，如重庆某大学校区组成，如图2-19所示。

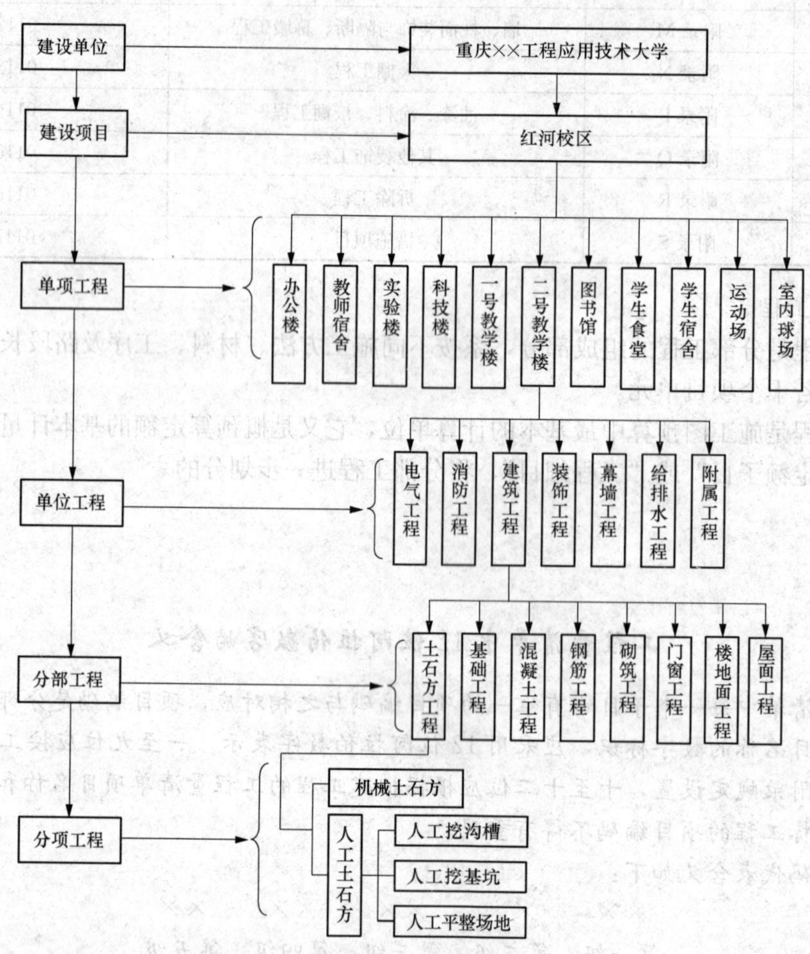

图2-19　某大学校区组成示意图

五、建设项目全寿命周期

1. 建设项目全寿命周期的概念

建设项目全寿命周期，又称“建设项目寿命周期”，指建设项目从寿命开始到寿命结束的时间。对于建设项目的寿命的研究和界定，主要有物理寿命、功能寿命、法律寿命和经济寿命。

（1）物理寿命周期。在正常使用的情况下，从建设项目决策阶段到由于物理损坏而导致基本功能无法满足用户的正常使用的整段时间，被称为物理寿命。项目的物理寿命难以准确地界定，因为项目会受到自然灾害、社会灾难、施工质量等各方面的影响。

(2) 功能寿命。功能寿命就是建设项目从其决策、实施、投入使用之后到其功能不能满足业主需要之间的期限。建设项目功能丧失主要是物理消耗、技术消耗、业主需求的变化等原因导致的。建设项目的功能寿命既取决于内部因素，又取决于外在因素，这些内、外因素具有随机性，因此建设项目的功能寿命具有不确定性。

(3) 法律寿命。法律寿命就是法律上规定的建设项目的合理使用年限。根据《中华人民共和国物权法》(2007 年 10 月 1 日起施行) 第一百四十九条规定，住宅建设用地使用权期间届满的，自动续期。非住宅建设用地使用权期间届满后的续期，依照法律规定办理。由于住宅项目只是建设项目的一种，为了研究的需要我们设定建设项目的法律寿命与土地的使用权限相一致。

(4) 经济寿命。经济寿命就是建设项目从寿命开始，到继续使用在经济上不合理而被更新所经历的时间。它是由运行和维护费用的提高和使用价值的降低决定的。所以，建设项目的经济寿命就是从经济观点（或成本观点）确定的建设项目的寿命周期。

2. 建设项目全寿命周期的阶段划分

从建设项目全寿命周期的概念可以看出，其时间是指工程项目从设想、研究决策、设计、建造、使用，直到报废所经历的全部时间，包括项目的决策阶段、实施阶段、使用阶段。工程项目的决策阶段包括编制项目建议书和编制可行性研究报告；工程项目实施阶段包括设计前的准备阶段、设计阶段、施工阶段、动用前准备阶段和保修期；工程项目的使用阶段从项目动用开始至项目报废。建设项目全寿命周期阶段划分如图 2-20 所示。招标投标工作可分为工程建设项目总承包、勘察招标、设计招标、施工招标、材料设备招标等，由于这些工作分散在设计准备阶段、设计阶段和施工阶段进行，因此这里不单独设置招投标阶段。

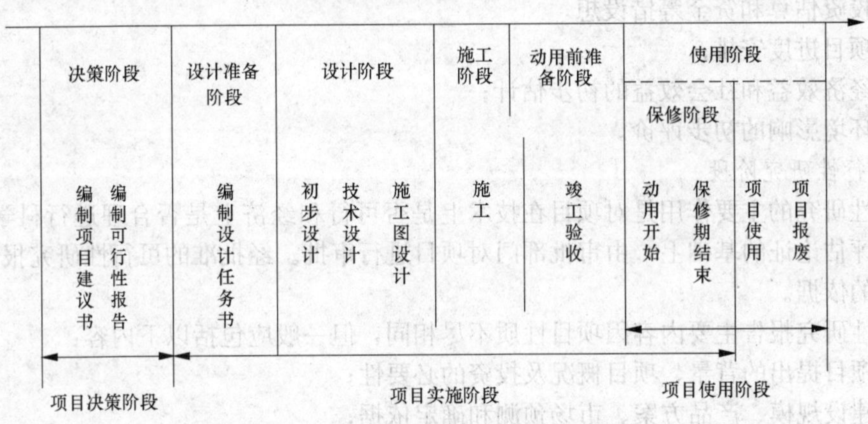

图 2-20 建设项目全寿命周期阶段划分

六、建设项目的建设程序

建设程序是指建设项目从设想、选择、评估、决策、设计、施工到竣工验收、投入生产整个建设过程中，各项工作必须遵循的先后次序的法则。这个法则是人们在认识客观规律的基础上，按照建设项目发展的内在联系和发展过程制定的，在实际的操作过程中某些环节可以交叉，但不能够随意颠倒。“先勘察，后设计，再施工”就是最基本的建设程序。

按照建设项目发展的内在联系和发展过程，建设程序分成若干阶段，如图 2-21 所示，这些阶段和环节各有不同的任务和工作内容，并有机地联系在一起，有着客观的先后顺序，不可违反，必须共同遵守，这是因为它科学地总结了建设工作的实践经验，反映了建设工作所固有的客观自然规律和经济规律，是建设项目科学决策和顺利进行的重要保证。

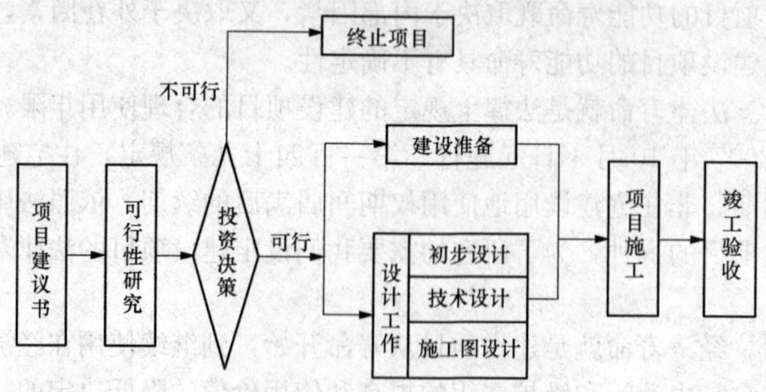

图 2-21 建设项目的建设程序

1. 项目建议书阶段

项目建议书是对拟建项目的一个轮廓设想，主要作用是为了说明项目建设的必要性、条件的可行性和获利的可能性。对项目建议书的审批即为立项。根据国民经济中长期发展规划和产业政策，由审批部门确定是否立项，并据此开展可行性研究工作。

项目建议书主要内容：

(1) 建设项目提出的必要性和依据；

(2) 产品方案、拟建规模和建设地点的初步设想；

(3) 资源情况、建设条件、协作关系等的初步分析；

(4) 投资估算和资金筹措设想；

(5) 项目进度安排；

(6) 经济效益和社会效益的初步估计；

(7) 环境影响的初步评价。

2. 可行性研究阶段

可行性研究的主要作用是对项目在技术上是否可行和经济上是否合理进行科学的分析、研究，在评估论证的基础上，由审批部门对项目进行审批。经批准的可行性研究报告是进行初步设计的依据。

可行性研究报告主要内容因项目性质不尽相同，但一般应包括以下内容：

(1) 项目提出的背景、项目概况及投资的必要性；

(2) 建设规模、产品方案、市场预测和确定依据；

(3) 技术工艺、主要设备和建设标准；

(4) 资源、原料、动力、运输、供水等配套条件；

(5) 建设地点、厂区布置方案、占地面积；

(6) 项目设计方案、协作配套条件；

(7) 环保、规划、抗震、防洪等方面的要求和措施；

(8) 建设工期和实施进度；

(9) 投资估算和资金筹措方案；

(10) 经济评价和社会效益分析；

(11) 组织机构与人力资源配置。

3. 设计阶段

工程设计是根据建设项目总体需求和地质勘查报告，对工程的外形和内在实体进行筹划、研究、构思、设计和描绘，形成设计说明和图纸等相关文件，使得建设目标和水平具体化。工程设计是整个工程的决定性环节，是组织施工的依据，它直接关系着工程质量和将来的使用效果。工程项目的设计工作一般划分为两个阶段，即初步设计和施工图设计，重大项目和技术复杂的项目，可根据需要增加技术设计阶段。

4. 建设准备阶段

建设准备阶段是在开工前要做好的各项准备工作。该阶段的内容包括为勘察、设计、施工创造条件所做的建设现场、建设队伍、建设设备等方面的准备工作，具体包括报建，委托规划、设计，获取土地使用权，拆迁、安置，工程发包与承包等。

5. 施工阶段

工程施工是指按照设计图纸和相关文件要求，在建设场地上将设计意图付诸实施，形成工程实体的过程。任何优秀的勘察设计成果，只有通过施工才能变成现实。因此，对于施工阶段各项工作的控制是项目目标控制的关键。

6. 竣工验收阶段

竣工验收是对建设工程办理检验、交接和交付使用的一系列活动，是建设程序的最后一环，是全面考核基本建设成果、检验设计和施工质量的重要阶段。在各专业主管部门单项工程验收合格的基础上，实施项目竣工验收，保证项目按设计要求投入使用，并办理移交固定资产手续。竣工验收要根据工程规模大小、复杂程度组成验收委员会或验收组。验收委员会或验收组应由建设单位、主管单位、施工单位、勘察设计等单位组成。

项目竣工验收必须具备的条件：

(1) 建设项目已按批准的设计内容建完，能满足使用要求；

(2) 主要工艺设备经联动负荷试车合格，形成生产能力，能生产出合格的产品；

(3) 工程质量经质监部门评定质量合格；

(4) 生产准备工作能适应投产的需要；

(5) 环境保护设施、劳动安全卫生设施、消防设施已按设计要求与主体工程同时建成使用；

(6) 编好竣工决算，并经审计部门审计；

(7) 对所有技术文件材料进行系统整理、立卷，竣工验收后交档案管理部门。

第二节 工程管理与工程造价

一、工程管理的概念

工程管理是指通过一定的组织形式，用系统工程的观点、理论和方法对工程建设周期内所有工作（项目建议书、项目决策、工程施工、竣工验收等）进行计划、组织、协调和控制的过程，以完成保证工程质量、缩短工期、提高投资效益的核心任务，最终实现项目的功能以满足使用者的需求。由此可见，工程管理是以建设工程项目目标控制（质量、进度和造价控制）为核心的管理活动。

案例1 从"鲁布革工程"看工程管理

1. 鲁布革工程简介

鲁布革水电站（如图2-22所示）位于云南罗平和贵州兴义交界的黄泥河下游，整个工程由首部枢纽拦河大坝、引水系统和厂房枢纽三部分组成。

首部枢纽拦河大坝最大坝高103.5m；引水系统由电站进水口、引水隧洞、调压井、高压钢管四部分组成，其中引水隧洞总长9.38km，开挖直径8.8m，调压井内径13m，井深63m，另外还有两条长469m、内径4.6m、倾角48°的高压钢管；厂房枢纽包括地下厂房及其配套的40个地下洞室群。厂房总长125m，宽18m，最大高度39.4m，安装15万kW的水轮发电机4台，总容量60万kW，年发电量28.2亿kW·h。

图2-22 鲁布革水电站

早在20世纪50年代，国家有关部门就开始安排了对黄泥河的踏勘。昆明水电勘测设计院承担项目的设计。水电部在1977年着手进行鲁布革电站的建设，水电十四局开始修路，进行施工准备。但由于资金缺乏，准备工程进展缓慢，前后拖延7年之久。1981年6月经国家批准，鲁布革水电站列为重点建设工程，总投资8.9亿美元，总工期53个月，要求1990年全部建设完成。

鲁布革工程原来由水电部十四工程局负责施工，开工3年后的1984年4月，水电部决定在鲁布革工程采用世界银行贷款。当时正值改革开放的初期，鲁布革工程是我国第一个利用世界银行贷款的基本建设项目。但是根据与世界银行的协议，工程三大部分之一的引水隧洞工程必须进行国际招标。为了使用世界银行贷款，引水隧洞工程被从水电十四局的"铁饭碗"中捞出来，投入了国际施工市场。在中国、日本、挪威、意大利、美国、联邦德国、南斯拉夫、法国等8个国家承包商的竞争中，日本大成公司以8463万元中标，比标底价12958万元低43%，比中国与外国公司联营体投标价低3600万元。于是，形成了"一项工程、两种体制、三方施工"的格局。三方施工是：一方是由挪威专家咨询，由水电十四局三公司承建厂房枢纽工程；一方是由澳大利亚专家咨询，由水电十四局二公司承建首部枢纽工程；一方是由日本大成公司承建引水系统工程。两种体制是：一种是以云南电力局为业主，鲁布革工程管理局为业主代表及“工程师机构”，日本大成公司为承包方的合同制管理体制；一种是以鲁布革管理局为甲方，以水电十四局为乙方的投资包干管理体制。

鲁布革工程管理体制的局部突破，使小小的鲁布革成了个混合物，四方八国，两种管理体制，于是产生了摩擦、较量。

引水隧道工程于1984年6月15日发出中标通知书，7月14日签订合同。1984年7月31日发布开工令，1984年11月24日正式开工。中国工人在大成公司的管理体制下，创造出了惊人的效率。日本大成公司仅派到中国来30多人的管理队伍，从水电十四局雇用了424名劳务工人，他们开挖隧道，单头月平均进尺222.5m，相当于我国同类工程的2～3倍，全员劳动生产率4.57万元/每人每年。1988年8月13日引水隧道工程正式竣工。合同工期为1597天，实际工期为1475天，提前122天；而水电十四局承担的首部枢纽工程，1983年开工，由于种种原因，进展迟缓，世界银行特别咨询团于1984年4月和1985年5月两次来工地考察，都认为按期完成截流难以实现。

近距离的对比，面对面的比较，没想到初试竟是如此结果，鲁布革人被震动了！因为问题是复杂的：难道中国人的潜能非得靠外国人来挖掘不成—几乎每一个平凡的鲁布革人都思考过这个问题。民族自尊心、自信心被唤醒了！“为中国人争口气！”一场没有裁判的角逐开始了！水电十四局鲁布革工程指挥部开始扩大自主权，调整领导结构，推行新的管理体制。首先在首部枢纽工程发动了千人会战。局长、指挥长都成了目标责任制的负责人，他们不再远离工地，而是昼夜奋战在工地。工人们更是整天整夜待在隧洞里，干累了，搬块木板躺一会儿，醒了再干。最后，奇迹终于被创造出来了：1985年11月，大坝工程按期截流。

1988年8月13日首部枢纽工程正式竣工。初步结算价9100万元，仅为标底的60.8%，比合同价增加了7.53%，实际工期1475天，比合同工期提前122天，工程质量被评定为优良。然而，对比大成公司的管理方式和我们的会战，我们明显感到了自己的不足：均衡生产搞不好、人员管理混乱、缺乏统一协调指挥！思考从这里开始了，鲁布革经验迅速成为中国工程管理改革的突破口和催化剂，推动了我国施工企业管理直至项目管理的本质的改变。

2. 鲁布革工程效应

计划经济体制下，基本建设战线长期处于“投资大、工期长、见效慢”的被动局面，而鲁布革工程无论是造价、工期还是质量都严格达到了合同要求。一石激起千层浪。鲁布革工程在行业内引起轩然大波，对我国施工建设管理造成巨大震撼。党中央、国务院领导极为重视，要求国家计委施工局对鲁布革管理经验进行全面总结。1987年6月3日，时任国务院副总理的李鹏在全国施工工作会议上以“学习鲁布革经验”为题，发表了重要讲话，要求建筑行业推广鲁布革经验。1987年8月6日《人民日报》头版头条刊登了著名记者杨飏写的通讯《鲁布革冲击》，于是“鲁布革冲击波”冲击着全中国，引起广泛关注，影响深远。鲁布革水电工程是我国在20世纪80年代初期实施的，具有里程碑意义的基本建设管理体制改革的试点工程。鲁布革工程利用世界银行贷款，对部分工程实行国际竞争性招标，在全国率先实行项目管理，以“鲁布革冲击”和“鲁布革经验”在全国建筑行业及工程项目管理领域产生了巨大影响。

“鲁布革冲击波”，对中国建筑业的影响和震撼是空前的。它对我国传统的投资体制、施工管理模式乃至国企组织结构等都提出了挑战。而对于中国项目管理发展而言这是一个划时代的事件，开启了真正意义上的中国建设工程项目管理时代的新纪元。从今天看来，鲁布革工程经验还有很多我们没有完全吸取，比如设计施工一体化，比如总包分包管理等。

二、工程管理的基本目标及关系

1. 基本目标

从工程管理的概念中可以看出，工程管理是以建设工程项目目标控制（质量、进度和造价控制）为核心的管理活动，质量、进度和造价三大目标是工程管理的基本目标。

（1）质量。质量控制是指在力求实现建设项目总目标的过程中，为满足项目总体质量要求所开展的有关监督管理活动。工程项目的质量目标是指对工程项目实体、功能和使用价值以及参与工程建设的有关各方工作质量的要求或需求的标准和水平，也就是对项目符合有关法律、法规、规范、标准程度和满足业主要求程度做出的明确规定。

（2）进度。进度控制是指在实现建设项目总目标的过程中，为使工程建设的实际进度符合项目进度计划的要求，使项目按计划要求的时间动用而开展的有关监督管理活动。工程项目进度控制的目标就是项目最终动用的计划时间，也就是工业项目负荷联动试车成功、民用项目交付使用的计划时间。由此可见，工程项目进度控制是对工程项目从策划与决策开始，经设计与施工直至竣工验收交付使用为止的全过程控制。

（3）造价。造价控制是指在整个项目的实施阶段开展管理活动，力求使项目在满足质量和进度要求的前提下，实现项目实际造价不超过计划造价。

2. 相互关系

工程项目的质量、进度和造价三大目标是一个相互关联的整体，三大目标之间既存在着矛盾，又存在着统一。进行工程项目管理必须充分考虑工程项目三大目标之间的对立统一关系，注意统筹兼顾，合理确定三大目标，防止发生盲目追求单一目标而冲击或干扰其他目标的现象。

（1）对立关系。在通常情况下，如果对工程质量有较高的要求，就需要投入较多的资金和花费较长的建设时间；如果要抢时间、争进度，以极短的时间完成工程项目，势必会增加投资或者使工程质量下降；如果要减少投资、节约费用，势必会考虑降低项目的功能要求和质量标准。所有这些都表明，工程项目三大目标之间存在着矛盾和对立的一面。

（2）统一关系。在通常情况下，适当增加造价，为采取加快进度的措施提供经济条件，即可加快项目建设进度，缩短工期，使项目尽早动用，投资尽早回收，项目全寿命周期经济效益得到提高；适当提高项目功能要求和质量标准，虽然会造成一次性投资和建设工期的增加，但能够节约项目动用后的经常费和维修费，从而获得更好的投资经济效益；如果项目进度计划制订得既科学又合理，使工程进展具有连续性和均衡性，不但可以缩短建设工期，而且有可能获得较好的工程质量并降低工程造价。所有这一切都说明，工程项目三大目标之间存在着统一的一面。

三、工程造价相关概念

从第一章第一节中工程造价的概念中得知，工程造价在工程建设的不同阶段均有具体的“称谓”，如投资决策阶段为“投资估算”，设计阶段为“设计概算”“施工图预算”，招投标阶段为“招标控制价”“投标报价”“合同价”，施工阶段为“竣工结算”等。这些“称谓”的概念如下。

1. 投资估算

投资估算是指以方案设计或可行性研究文件为依据，按照规定的程序、方法和依据，对拟建项目所需总投资及其构成进行的预测和估计。在编制项目建议书和可行性研究阶段，对投资需求量进行估算是一项不可缺少的工作内容。投资估算的主要作用如下。

（1）项目建设书、可行性研究报告文件中，投资估算是研究、分析、计算项目投资经济效益的重要条件，是项目经济评价的基础。

（2）投资估算是多方案比选、优化设计、合理确定项目投资的基础，是项目主管部门审批项目的依据之一，并对项目的规划、规模起参考作用。投资估算可以使项目主管部门从经济上判断项目是否应列入投资计划。

（3）投资估算是方案选择和投资决策的重要依据，是确定项目投资水平的依据，是正确评价建设项目投资合理性的基础。

（4）投资估算对工程设计概算起控制作用。可行性研究报告被批准之后，其投资估算额作为设计任务书中下达的投资限额，即作为建设项目投资的最高限额，一般不得随意突破。投资估算用以对各设计专业实行投资切块分配，作为控制和指导设计的尺度或标准。

（5）投资估算是项目资金筹措及制订建设贷款计划的依据，建设单位可根据批准的项目投资估算额，进行资金筹措和向银行申请贷款。

（6）投资估算是核算建设项目固定资产投资需要额和编制固定资产投资计划的重要依据。

2. 设计概算

设计概算是指以初步设计文件为依据，按照规定的程序、方法和依据，对建设项目总投资及其构成进行的概略计算。设计概算是初步设计文件的重要组成部分，它与投资估算造价相比，概算造价的准确性有所提高，但受估算造价的限制。设计概算的主要作用如下。

（1）设计概算是编制建设项目投资计划、确定和控制建设项目投资的依据。

（2）设计概算是签订建设工程合同和贷款合同的依据。

（3）设计概算是控制施工图设计和施工图预算的依据。

（4）设计概算是衡量设计方案技术经济合理性和选择最佳设计方案的依据。

（5）设计概算是考核建设项目投资效果的依据。

3. 施工图预算

施工图预算是指以施工图设计文件为依据，按照规定的程序、方法和依据，在工程施工前对工程项目的费用进行的预测和计算。它比设计概算造价更为详尽和准确，但同样要受前一阶段所限定的工程造价的控制。其主要作用如下。

（1）施工图预算对建设单位的作用。

1）施工图预算是施工图设计阶段确定工程造价的依据，是设计文件的组成部分。

2）施工图预算是建设单位在施工期间安排建设资金计划和使用建设资金的依据。

3）施工图预算是招投标的重要基础，既是工程量清单的编制依据，也是招标控制价编制的依据。

4）施工图预算是拨付进度款及办理结算的依据。

（2）施工图预算对施工单位的作用。

1）施工图预算是确定投标报价的依据。

2）施工图预算是施工单位进行施工准备的依据，是施工单位在施工前组织材料、机具、设备及劳动力供应的重要参考，是施工单位编制进度计划、统计完成工作量、进行经济核算的参考依据。

3）施工图预算是控制施工成本的依据。

4. 工程结算

工程结算是指发承包双方根据国家有关法律、法规规定和合同约定，对合同工程实施中、终止时已完工后的工程项目进行的合同价款计算、调整和确认。工程结算分为期中结算、终止结算和竣工结算。期中结算又称"中间结算"，包括月度、季度、年度结算和形象进度结算。终止结算是合同解除后的结算。工程结算是工程项目承包中的一项十分重要的工作，其意义主要表现为以下几方面。

(1) 工程结算是反映工程进度的主要指标。在施工过程中，工程结算的依据之一就是按照已完的工程进行结算，累计已结算的工程价款占合同总价款的比例，能够近似反映出工程的进度情况。

(2) 工程结算是加速资金周转的重要环节。施工单位尽快尽早地结算工程款，有利于偿还债务，有利于资金回笼，有利于降低内部运营成本。通过加速资金周转，提高资金的使用效率。

(3) 工程结算是考核经济效益的重要指标。对于施工单位来说，只有工程款如数地结清，才意味着避免了经营风险，施工单位也才能够获得相应的利润，进而达到良好的经济效益。

5. 竣工结算

竣工结算是指发承包双方依据国家有关法律、法规规定和合同约定，在承包人按合同约定完成了全部承包工作后，对最终工程价款的调整和确定。竣工结算确定的最终工程价款，包括在履行合同过程中按合同约定进行的工程变更、现场签证、索赔和价款调整，是期中结算的汇总。

小知识

工程造价各阶段的"称谓"（术语）共同点——"算"

从工程造价各阶段的"称谓"术语投资估算、设计概算、施工图预算、工程结算、竣工结算中看出，都有一个"算"字，这个"算"字体现出工程造价专业学生毕业后的主要工作就是"算"。"算"就是计算的意思，主要"算"的工作是指"工程计量"与"工程计价"工作。这两个概念释义如下。

1. 工程计量

按照法律法规和标准（可以是国家标准、地方标准和企业标准）等规定的程序、方法和依据相应的工程量计算规范、设计文件、招标文件、承发包合同等工程技术资料，对工程的数量进行的计算的行为。

2. 工程计价

按照法律法规和标准（可以是国家标准、地方标准和企业标准）等规定的程序、方法和依据相应的工程计价依据、设计文件等工程技术资料，对工程造价及其构成的费用内容进行的预测或确定的行为。

四、工程造价的特点

从工程管理的三大目标可以看出，工程造价是工程管理的三大目标之一，由工程建设的特点所决定。工程造价具有以下特点。

1. 大额性

能够发挥效用的任何一项工程，不仅实物形体庞大，而且造价高昂。其中，特大型工程项目的工程造价可达百亿、千亿人民币。工程造价的大额性使其关系到有关各方面的重大经济利益，同时也会对宏观经济产生重大影响。这就决定了工程造价的特殊地位，也说明了工程造价管理的重要意义。

2. 个别性

任何一项工程都有特定的用途、功能和规模。因此，对每一项工程的结构、造型、空间分割、设备配置和内外装饰都有具体的要求，所以工程内容和实物形态都具有个别性、差异性。而产品的差异性决定了工程造价的个别性。同时，每期工程所处的地区、地理位置也不相同，使得工程造价的个别性更加突出。

3. 动态性

任何一项工程从决策到竣工交付使用，都有一个较长的建设期间，在此期间内，经常会出现许多影响工程造价的因素，如设计变更，材料和设备价格、工资标准及取费费率的调整，贷款利率、汇率的变化，都必然会影响到工程造价的变动。所以，工程造价在整个建设期处于不确定状态，直至竣工决算后才能最终确定工程的实际造价。

4. 层次性

工程造价的层次性取决于工程的层次性，工程的层次性如图 2-19 所示。一个建设项目往往包含多项能够独立发挥生产能力和工程效益的单项工程。一个单项工程又由多个单位工程组成。与此相对应，工程造价有 3 个层次，即建设项目总造价、单项工程造价和单位工程造价。如果专业分工更细，分部分项工程也可以作为承发包的对象，如大型土方工程、桩基础工程、装饰工程等。这样工程造价的层次因增加分部工程和分项工程而成为 5 个层次。即使从工程造价的计算程序和工程管理角度来分析，工程造价的层次也是非常明确的。

5. 兼容性

工程造价的兼容性首先表现在本身具有的两种含义，其次表现在工程造价构成的广泛性和复杂性，工程造价除建筑安装工程费用、设备及工器具购置费用外，征用土地费用、项目可行性研究费用、规划设计费用、与一定时期政府政策（产业和税收政策）相关的费用占有相当的份额。盈利的构成较为复杂，资金成本较大。

第三节 工程造价管理及其基本内容

一、工程造价管理的含义

工程造价管理（Project Cost Management）指综合运用管理学、经济学和工程技术等方面的知识与技能，对工程造价进行预测、计划、控制、核算、分析和评价等的工作过程。所谓工程造价管理，一是指建设工程投资费用管理，二是指建设工程价格管理。

1. 建设工程投资费用管理

建设工程投资费用管理是指为了实现投资的预期目标，在拟订的规划、设计方案的条件下，预测、计算、确定和监控工程造价及其变动的系统活动。建设工程的投资费用管理属于投资管理范畴，它涵盖了微观层次的项目投资费用管理，又涵盖了宏观层次的投资费用管理。

2. 建设工程价格管理

建设工程价格管理属于价格管理范畴。在社会主义市场经济条件下，价格管理分两个层次：在微观层次上，是生产企业在掌握市场价格信息的基础上，为实现管理目标而进行的成本控制、计价、定价和竞价的系统活动；在宏观层次上，是政府根据社会经济的要求，利用法律手段、经济手段和行政手段对价格进行管理和调控，以及通过市场管理规范市场主体价格行为的系统活动。

二、工程造价管理的目的与任务

1. 工程造价管理的目的

工程造价管理的目的不仅在于控制项目投资不超过批准的造价限额，更在于从国家的整体利益出发，合理使用人力、物力、财力，取得最大投资效益。我国是一个资源相对缺乏的发展中国家，为了保持适当的发展速度，需要投入更多的建设资金，而筹措资金很不容易也很有限。因此，从这一基本国情出发，如何有效地利用投入建设工程的人力、物力、财力，以尽量少的劳动和物质消耗，取得较高的经济和社会效益，保持我国国民经济持续、稳定、协调发展，就成为十分重要的问题。

2. 工程造价管理的任务

工程造价管理的任务是依据国家相关法律法规和建设行政主管部门的规定，对工程项目实施以工程造价管理为核心的全面项目管理。工程造价应以工程造价的计价与控制为核心，以投资决策和设计阶段为主要工作阶段，以经济、技术、合同、信息和组织措施为主要手段，以事前为控制重点，通过开展投资方案的比选、设计方案的优化、合同管理、投资偏差的控制和投资风险的管理，实现工程造价管理的整体目标。

三、我国工程造价管理的基本内容

工程造价管理的基本内容就是合理地确定和有效地控制工程造价。

1. 工程造价的合理确定

所谓工程造价的合理确定，就是在建设程序的各个阶段，合理地确定投资估算、概算造价、预算造价、承包合同价、结算价、竣工决算价。

(1) 在项目建议书阶段，按照有关规定编制的初步投资估算，经有关部门批准，作为拟建项目列入国家中长期计划和开展前期工作的控制造价。

(2) 在项目可行性研究阶段，按照有关规定编制的投资估算，经有关部门批准，作为该项目的控制造价。

(3) 在初步设计阶段，按照有关规定编制的初步设计总概算，经有关部门批准，作为拟建项目工程造价的最高限额。

(4) 在施工图设计阶段，按规定编制施工图预算，用以核实施工图阶段预算造价是否超过批准的初步设计概算。

(5) 对以施工图预算为基础实施招标的工程，承包合同价也是以经济合同形式确定的建筑安装工程造价。

（6）在工程实施阶段要按照承包方实际完成的工程量，以合同价为基础，同时考虑因物价变动所引起的造价变更，以及设计中难以预计的而在实施阶段实际发生的工程和费用，合理确定结算价。

（7）在竣工验收阶段，全面汇集在工程建设过程中业主实际花费的全部费用，编制竣工决算，如实体现建设工程的实际造价。

2. 工程造价的有效控制

所谓工程造价的有效控制就是在优化建设方案、设计方案的基础上，在建设程序的各个阶段，采用一定的方法和措施将工程造价的发生控制在合理的范围和核定的造价限额以内。具体来说，就是要用投资估算造价控制设计方案的选择和初步设计概算造价，用概算造价控制技术设计和修正概算造价，用概算造价或修正概算造价控制施工图设计和预算造价。以求合理地使用人力、物力和财力，取得较好的投资效益。

有效地控制工程造价应体现以下三项原则。

（1）以设计阶段为重点的建设全过程造价控制。工程造价控制的关键在于前期决策和设计阶段，而在项目投资决策完成后，控制工程造价的关键就在于设计。据西方一些国家分析，设计费一般不足建设工程全寿命期费用的1%，但正是这少于1%的费用对工程造价的影响度占到75%以上。由此可见，设计质量对整个工程建设的效益是至关重要的。

（2）实施主动控制，以取得令人满意的结果。长期以来，人们一直把控制理解为目标值与实际值的比较，以及当实际值偏离目标值时，分析其产生偏离的原因，偏离的原因关系到确定下一步的对策。在工程建设全过程进行这样的工程造价控制当然是有意义的。但问题在于，这种立足于调查—分析—决策基础之上的偏离—纠正—再偏离—再纠正的控制是一种被动控制，因为这样做只能发现偏离，不能预防可能发生的偏离。为尽可能地减少乃至避免目标值与实际值的偏离，还必须立足于事先主动地采取控制措施，实施主动控制。

（3）技术与经济相结合是控制工程造价最有效的手段。长期以来，我国工程建设领域中的技术与经济是相分离的。工程技术人员缺乏经济观念，设计思想保守，设计规范、施工规范落后，把如何降低工程造价看成是与己无关的财会人员的职责。而财会、概预算人员的主要责任是根据财务制度办事，他们往往不熟悉工程技术知识，也较少了解工程进展中的各种关系和问题，往往单纯地从财务角度审核费用开支，难以有效地控制工程造价。因此，今后的努力方向应以提高工程造价效益为目的，在工程建设过程中把技术与经济分析有机结合，通过技术比较、经济分析和效果评价，正确处理技术先进与经济合理两者之间的对立统一关系，力求在技术先进条件下的经济合理，在经济合理基础上的技术先进，把控制工程造价观念渗透到各项设计和施工技术措施之中。

案例2　从“鸟巢”的瘦身风波看工程造价管理

1. 国家体育场——“鸟巢”简介

国家体育场——“鸟巢”（如图2-23所示）位于北京奥林匹克公园中心区南部，为2008年北京奥运会的主体育场。工程总占地面积21公顷，场内观众座席约为91000个。“鸟巢”举行了奥运会、残奥会开闭幕式、田径比赛及足球比赛决赛。奥运会后“鸟巢”成为北京市民参与体育活动及享受体育娱乐的大型专业场所。

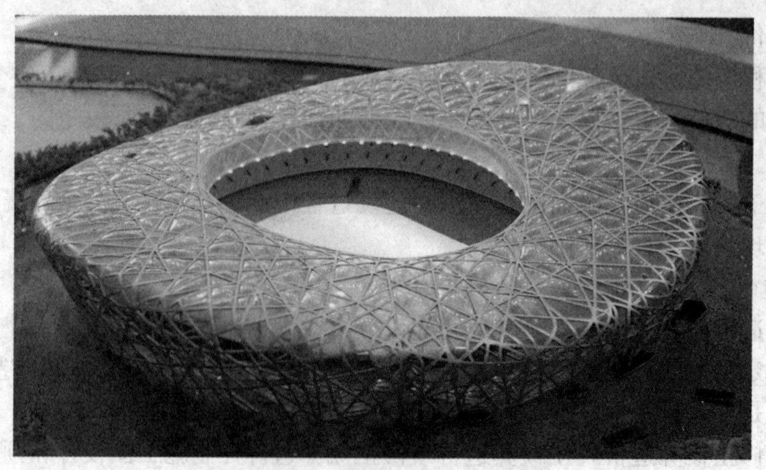

图 2-23 国家体育场——“鸟巢”

2008 年北京奥运会的主体育场的概念设计方案于 2002 年 10 月 25 日面向全球招标。此次设计招标吸引了许多世界上最著名的建筑设计师，包括世界建筑设计最高奖——“普利茨克奖”得主在内的最有才华的设计师。2003 年 3 月 18 日，最终参与竞标的 13 家全球著名建筑设计公司及设计联合体，将他们理想中的中国国家体育场的壮丽构想送抵北京。通过一系列评审，由瑞士赫尔佐格和德梅隆设计事务所、奥雅纳工程顾问公司及中国建筑设计研究院设计联合体共同设计的“鸟巢”方案最终中标。由 2001 年“普利茨克奖”获得者赫尔佐格、德梅隆与中国建筑师李兴刚等合作完成的巨型体育场设计，形态如同孕育生命的“巢”，它更像一个摇篮，寄托着人类对未来的希望。

“鸟巢”外形结构主要由巨大的门式钢架组成，共有 24 根桁架柱。国家体育场建筑顶面呈鞍形，长轴为 332.3m，短轴为 296.4m，最高点高度为 68.5m，最低点高度为 42.8m，投影面积 7.75 万 m^2，展开面积 12.94 万 m^2。大跨度可开启屋盖长度 139m，宽约 73m，可开启面积约 9575m^2。预算投资达 38 亿人民币。2008 年 3 月“鸟巢”全部建成。

2.“鸟巢”停工

2003 年 12 月 24 日“鸟巢”正式开工修建，经过不到一年的施工，从 2004 年 7 月 30 日起暂停施工、等待方案调整，“‘鸟巢’到底怎么了”一时就成了公众关注的话题。2004 年雅典夏季奥运会给希腊带来了沉重的财政负担，节俭办奥运会成为大势所趋。没有经过周密可行性论证和严格造价控制的“鸟巢”，成了国家重点审查对象。因此，北京市政府领导表示，将积极树立“节俭办奥运”观念，对奥运场馆建设方案进行调整，通过调整投入结构，追求平实而非奢华的筹办过程。“鸟巢”暂时停工并非出于安全考虑，而是由于工程造价过高。

3.“鸟巢”瘦身

“鸟巢”停工后，经过特别专家小组的反复论证，提出了 3 项优化措施：

(1) 严格控制工程建安造价，以确保项目建设总投资控制目标的实现，同时将建筑面积严格控制在 25.8 万 m^2；

(2) 取消可开启屋盖，扩大固定屋盖的开孔，并继续优化结构；

(3) 取消东、西看台上端 9000 临时座位。

通过这一优化，“鸟巢”的总投资降为 31.3 亿元，建筑安装工程造价为 22.67 亿元，比当初的预算造价节约了近 7 亿元。尽管如此，仍有很多专家认为如果能够在设计之初便进行系统的设计优化，其投资是不会超过 30 亿的。

四、工程造价管理的组织

为了实现工程造价管理目标而开展有效的组织活动，我国设置了多部门、多层次的工程造价管理机构，并规定了各自的管理权限和职责范围，具体来说，主要是指国家、地方、部门和企业之间管理权限和职责划分。工程造价管理组织有 3 个系统。

1. 政府行政管理系统

政府在工程造价管理中既是宏观管理主体，也是政府投资项目的微观管理主体。从宏观管理的角度，政府对工程造价管理有一个严密的组织系统，设置了多层管理机构，规定了管理权限和职责范围。

（1）国务院建设主管部门造价管理机构。工程造价管理的主要职责是：

1）组织制定工程造价管理有关法规、制度并组织贯彻实施；

2）组织制定全国统一经济定额和制订、修订本部门经济定额；

3）监督指导全国统一经济定额和本部门经济定额的实施；

4）制定和负责全国工程造价咨询企业的资质标准及其资质管理工作；

5）制定全国工程造价管理专业人员执业资格准入标准，并监督执行。

（2）国务院其他部门的工程造价管理机构。包括水利、水电、电力、石油、石化、机械、冶金、铁路、煤炭、建材、林业、军队、有色金属、核工业、公路等行业的造价管理机构。主要职责是修订、编制和解释相应的工程建设标准定额，有的还担负本行业大型或重点建设项目的概算审批、概算调整等。

（3）省、自治区、直辖市工程造价管理部门。主要职责是修编、解释当地定额、收费标准和计价制度等。此外，还有审核国家投资工程的标底、结算、处理合同纠纷等职责。

2. 企事业单位管理系统

企事业单位对工程造价的管理，属微观管理的范畴。设计单位、工程造价咨询企业等按照业主或委托方的意图，在可行性研究和规划设计阶段合理确定和有效控制建设工程造价，通过限额设计等手段实现设定的造价管理目标；在招投标工作中编制招标文件、标底，参加评标、合同谈判等工作；在项目实施阶段，通过对设计变更、工期、索赔和结算等管理进行造价控制。

工程承包企业的造价管理是企业自身管理的重要内容。在投标阶段，通过对市场的调查研究，利用过去积累的经验，研究报价策略，提出报价；在施工过程中，进行工程造价的动态管理，注意各种调价因素的发生和工程价款的结算，避免收益的流失，以促进企业盈利目标的实现。

3. 行业协会管理系统

在全国各省、自治区、直辖市及一些大中城市，先后成立了工程造价管理协会，其对工程造价咨询工作和造价工程师实行行业管理。成立于 1990 年 7 月的中国建设工程造价管理协会（简称“中价协”）是经原国家建设部和民政部批准成立的，代表我国建设工程造价管理的全国性行业协会，是亚太区测量师协会（PAQS）和国际工程造价联合会（ICEC）等相关国际组织的正式成员。在各国造价管理协会和相关学会团体的不断共同努力下，目前，联合国已将造价管理这个行业列入了国际组织认可行业，这对于造价咨询行业的可持续性发展和进一步提高造价专业人员的社会地位将起到积极的促进作用。中价协的业务范围包括以下内容。

（1）研究工程造价咨询与管理改革和发展的理论、方针、政策，参与相关法律法规、行业政策及行业标准规范的研究制定。

（2）制定并组织实施工程造价咨询行业的规章制度、职业道德准则、咨询业务操作规程等行规行约，推动工程造价行业诚信建设，开展工程造价咨询成果文件质量检查等活动，建立和完善工程造价行业自律机制。

（3）研究和探讨工程造价行业改革与发展中的热点、难点问题，开展行业的调查研究工作，倾听会员的呼声，向政府有关部门反映行业和会员的建议和诉求，维护会员的合法权益，发挥联系政府与企业间的桥梁和纽带作用。

（4）接受政府部门委托和批准开展以下工作：

1）协助开展工程造价咨询行业的日常管理工作；

2）开展注册造价工程师考试、注册及继续教育、造价人员队伍建设等具体工作；

3）组织行业培训，开展业务交流，推广工程造价咨询与管理方面的先进经验；

4）依照有关规定经批准开展工程造价先进单位会员、优秀个人会员及优秀工程造价咨询成果评选和推介等活动；

5）代表中国工程造价咨询行业和中国注册造价工程师与国际组织及各国同行建立联系，履行相关国际组织成员应尽的职责和义务，为会员开展国际交流与合作提供服务。

（5）依照有关规定办好协会的网站，出版《工程造价管理》期刊，组织出版有关工程造价专业和教育培训等书籍，开展行业宣传和信息咨询服务。

（6）维护行业的社会形象和会员的合法权益，协调会员和行业内外关系，受理工程造价咨询行业中执业违规的投诉，对违规者实行行业惩戒或提请政府主管部门进行行政处罚。

（7）完成政府及其部门委托或授权开展的其他工作。

五、发达国家工程造价管理的特点

分析发达国家工程造价管理，其特点主要体现在以下几个方面。

1. 政府的间接调控

发达国家一般按投资来源不同，将项目划分为政府投资项目和私人投资项目。政府对不同类别的投资项目实行不同力度和深度的管理，重点是控制政府投资的项目。

英国对政府投资项目采取集中管理的办法，按政府的有关面积标准、造价指标，在核定的投资范围内进行方案设计、施工设计，实施目标控制，不得突破。如遇非正常因素，宁可在保证使用功能的前提下降低标准，也要将造价控制在额定范围内。

美国对政府投资项目则采用两种方式，一是由政府设专门机构对工程进行直接管理。美国各地方政府都设有相应的管理机构，如纽约市政府的综合开发部（DGS）、华盛顿政府的综合开发局（GSA）等都是代表各级政府专门负责管理建设工程的机构。二是通过公开招标委托承包商进行管理。美国法律规定，所有的政府投资项目都要进行公开招标，特定情况下（涉及国防、军事机密等）可邀请招标和议标。但对项目的审批权限、技术标准（规范）、价格、指数都需明确规定，确保项目资金不突破审批的金额。

发达国家对私人投资项目只进行政策引导和信息指导，而不干预其具体实施过程，体现政府对造价的宏观管理和间接调控。

2. 有章可循的计价依据

费用标准、工程量计算规则、经验数据等是西方发达国家计算和控制工程造价的主要依据。

美国联邦政府和地方政府没有统一的工程造价计价依据和标准，一般根据积累的工程造价资料，并参考各工程咨询公司有关造价的资料，对各自管辖的政府工程项目制定相应的计价标准，作为项目费用估算的依据。通过定期发布工程造价指南进行宏观调控与干预。有关工程造价的工程量计算规则、指标、费用标准等，一般是由各专业协会、大型工程咨询公司制定。各地的工程咨询机构，根据本地区的具体特点，制定单位建筑面积的消耗量和基价，作为所管辖项目造价估算的标准。

英国也没有类似我国的定额体系，工程量的测算方法和标准都是由专业学会或协会进行负责。英国政府投资的工程从确定投资和控制工程项目规模及计价的需要出发，各部门均需制定并经财政部门认可的各种建设标准和造价指标，这些标准和指标均作为各部门向国家申报投资、控制规划设计、确定工程项目规模和投资的基础，也是审批立项、确定规模和造价限额的依据。英国十分重视已完工程数据资料的积累和数据库的建设。每个皇家测量师学会会员都有责任和义务将自己经办的已完工程的数据资料，按照规定的格式认真填报，收入学会数据库，同时也即取得利用数据库资料的权利。

3. 多渠道的工程造价信息

发达国家都十分重视对各方面造价信息的及时收集、筛选、整理及加工工作。

在美国，建筑造价指数一般由一些咨询机构和新闻媒介来编制，在多种造价信息来源中，ENR（Engineering News Record）造价指标是比较重要的一种。编制ENR造价指数的目的是为了准确地预测建筑价格，确定工程造价。它是一个加权总指数，由构件钢材、波特兰水泥、木材和普通劳动力4种个体指数组成。ENR共编制两种造价指数，一是建筑造价指数，一是房屋造价指数。这两个指数在计算方法上基本相同，区别仅体现在计算总指数中的劳动力要素不同。ENR总部则将这些信息员收集到的价格信息和数据汇总，并在每个星期四计算并发布最近的造价指数。

4. 造价工程师的动态估价

在英国，业主对工程的估价一般要委托工料测量师行来完成。测量师进行的估价大体上是按比较法和系数法进行，经过长期的估价实践，他们都拥有极为丰富的工程造价实例资料，甚至建立了工程造价数据库，对于标书中所列出的每一项目价格的确定都有自己的标准。在估价时，工料测量师行将不同设计阶段提供的拟建工程项目资料与以往同类工程项目对比，结合当前建筑市场行情，确定项目单价。对于未能计算的项目（或没有对比对象的项目），则以其他建筑物的造价分析得来的资料补充。承包商在投标时的估价一般要凭自已的经验来完成，往往把投标工程划分为各分部工程，根据本企业定额计算出所需人工、材料、机械等的耗用量，而人工单价主要根据各劳务分包商的报价，材料单价主要根据各材料供应商的报价加以比较确定，承包商根据建筑市场供求情况随行就市，自行确定管理费率，最后做出体现当时当地实际价格的工程报价。总之，工程任何一方的估价，都是以市场状况为重要依据，是完全意义的动态估价。

在美国，工程造价的估算主要由设计部门或专业估价公司来承担，造价工程师（Cost Engineer）在具体编制工程造价估算时，除了考虑工程项目本身的特征因素（如项目拟采用的独特工艺和新技术、项目管理方式、现有场地条件以及资源获得的难易程度等）外，一般还对项目进行较为详细的风险分析，以确定适度的预备费。但确定工程预备费的比例并不固定，随项目风险程度的大小而确定不同的比例。造价工程师通过掌握不同的预备费率来调节造价估算的总体水平。

美国工程造价估算中的人工费由基本工资和附加工资两部分组成。其中，附加工资项目包括管理费、保险金、劳动保护金、退休金、税金等。材料费和机械使用费均以现行的市场行情或市场租赁价作为造价估算的基础，并在人工费、材料费和机械使用费总额的基础上按照一定的比例（一般为10%左右）再计提管理费和利润。

考虑到工程造价管理的动态性，美国造价估算也允许有一定的误差范围。目前在造价估算中允许的误差幅度一般为：

可行性研究阶段估算：+30%～-20%；

初步设计阶段估算：+15%～-10%；

施工图设计阶段估算：+10%～-5%。

对造价估算规定一定的误差范围，有利于有效控制工程造价。

5. 通用的合同文本

合同在工程造价管理中有着重要的地位，发达国家都把严格按合同规定办事作为一项通用的准则来执行，并且有的国家还执行通用的合同文本。著名的FIDIC（国际咨询工程师联合会）合同文件，以英国的合同文件作为母本。英国有着一套完整的建设工程标准合同体系，包括JCT（JCT公司）合同体系、ACA（咨询顾问建筑师协会）合同体系、ICE（土木工程师学会）合同体系、皇家政府合同体系。JCT是英国的主要合同体系之一，主要通用于房屋建筑工程。JCT合同体系本身又是一个系统的合同文件体系，它针对房屋建筑中不同的工程规模、性质、建造条件，提供各种不同的文本，供建设人员在发包、采购时选择。

美国建筑师学会（AIA）的合同条件体系更为庞大，分为A、B、C、D、F、G系列。其中，A系列是关于发包人与承包人之间的合同文件；B系列是关于发包人与提供专业服务的建筑师之间的合同文件；C系列是关于建筑师与提供专业服务的顾问之间的合同文件；D系列是建筑师行业所用的文件；F系列是财务管理表格；G系列是合同和办公管理表格。AIA系列合同条件体系的核心是“通用条件”。采用不同的计价方式时，只需选用不同的“协议书格式”与“通用条件”结合。AIA合同条件体系主要有总价、成本补偿及最高限定价格等计价方式。

6. 重视实施过程中的造价控制

国外对工程造价的管理是以市场为中心的动态管理。造价工程师能对造价计划执行中所出现的问题及时分析研究，及时采取纠正措施，这种强调项目实施过程中的造价管理的做法，体现了造价控制的动态性，并且重视造价管理所具有的随环境、工作的进行以及价格等变化而调整造价控制标准和控制方法的动态特征。以美国为例，造价工程师十分重视工程项目具体实施过程中的控制和管理，对工作预算执行情况的检查和分析工作做得非常细致，对于建设工程的各分部分项工程都有详细的成本计划，美国的建筑承包商是以各分部分项工程的成本详细计划为依据来检查工程造价计划的执行情况的。对于工程实施阶段实际成本与计划成本出现偏差的工程项目首先按照一定的标准筛选成本差异，然后进行重要成本差异分析，并填写成本差异分析报告表，由此反映出造成此项差异的原因、此项成本差异对其他成本项目的影响、拟采取的纠正措施及实施这些措施的时间、负责人及所需条件等。对于采取措施的成本项目，每月还应跟踪检查采取措施后费用的变化情况。如若采取的措施不能消除成本差异，则需重新进行此项成本差异分析，再提出新的纠正措施，如果仍不奏效，造价控制项目经理则有必要重新审定项目的竣工决算。

美国的一些大型工程公司，重视工程变更的管理工作，建立了较为详细的工程变更制度，可随时根据各种变化了的情况及时提出变更，修改造价估算。美国工程造价的动态控制还体现在造价信息的反馈系统。各微观造价管理单位（工程公司）十分注重收集在造价管理各个阶段上的造价资料，并把向有关行业提出造价信息资料视为一种应尽的义务，不仅注意收集造价资料，也派出调查员实地调查，以事实为依据。这种造价控制反馈系统使动态控制以事实为依据，保证了造价管理的科学性。

第四节　造价工程师执业资格制度

工程造价专业属国家规定的具有执业注册的工程类专业之一。工程造价专业毕业的本科生毕业 4 年后，可参加全国造价工程师执业资格考试。此外，本专业学生还可参加建造师、监理工程师、咨询工程师（投资）等执业资格考试。

一、执业资格制度的背景和意义

1. 造价工程师执业资格制度的背景

2001 年 12 月 11 日我国正式加入世界贸易组织（WTO），成为其第 143 个成员。中国加入 WTO 以后，根据我国对 WTO 的承诺，勘察、设计、咨询市场 3 年内部分开放，5 年后必须全部开放，国外具备条件的单位和个人将进入我国市场开展设计、咨询服务，享受同等的国民待遇；同样，我国的勘察、设计、咨询工程师也可以进入全球各个 WTO 成员方开展这些方面的就业和工作，这就意味着全球的勘察、设计、咨询市场是一个彻底开放的、不设防的多边市场。因此，为加速我国与世界各国的接轨，遵守国际社会共同遵守的“游戏规则”，按 WTO 的要求，我国出台了建设行业的一系列执业资格注册制度。

人社部推行执业资格制度的思路是：执业资格的产生是社会主义市场经济条件下对人才评价的手段，是政府为保证经济有序发展、规范职业秩序而对事关社会公众利益、技术性强、有关键岗位的专业实行的人员准入控制。简言之，就是政府对从事某些专业的人员提出的必须具备的条件，是专业人员独立执行业务、面向社会服务的一种资质条件。

2. 造价工程师执业资格制度的意义

执业资格制度是国家对某些承担较大责任，关系国家、社会和公众利益的重要专业岗位实行的一项管理制度。这项制度在发达国家已实行了近百年，对保证执业人员素质、促进市场经济有序发展具有重要作用。《中华人民共和国建筑法》第 14 条规定：“从事建筑活动的专业技术人员，应当依法取得相应的执业资格证书，并在执业资格证书许可的范围内从事建筑活动。”

建筑活动从业人员执业资格制度是指对具备一定专业学历、资历的从事建筑活动的专业技术人员，通过考试和注册确定其执业的技术资格，获得相应建筑工程文件签字权的一种制度。按照国家建立执业资格制度的总体要求，我国建立造价工程师执业资格制度的目的，就是要达到提高建设工程造价管理的质量和水平。规范造价工程师的执业行为，维护国家和社会的公共利益。归纳起来，建立造价工程师执业资格制度的意义有以下几点。

（1）是深化工程造价管理体制改革的需要。随着社会主义市场体制的深入发展，国家对投资体制深化改革措施的逐步出台，特别是实施工程量清单计价以来，企业以个别成本报价，评标定标以评审的合理低价中标。企业通过市场竞争在合同中确定工程造价的新的计价模式，这是我们专业人员在工作中所面临的一个新形势。因此，工程造价的改革需要大量专业人员，建立造价工程师执业资格制度，形成一支高素质的专业队伍，是深化工程造价改革的迫切需要。

（2）是我国加入 WTO、参与世界经济交流与合作的需要。国外大多数国家，为保证经济的有序发展，都实行执业资格制度，对专业人员实施依法管理已是国际上的惯例。如英国称“工料测量师”、美国称“造价工程师”、日本称“积算师”，上述国家工程造价专业人员都经过学会组织的考试、继续教育等培训后取得执业资格。这些国家经过长期的实践，得出的结论是：执业资格制度对市场经济的有序、规范发展起着重要的作用。我国建立造价工程师执业资格制度，也是与国外进行公平交易，进行技术、经济的合作与交流的需要。

（3）是维护国家和社会公共利益的需要。维护国家和社会公共利益，不仅需要依靠政府行使其管理和监督职权，而且更需要造价工程师依法执行业务，向有关各方提供良好的服务。造价工程师通过指定、委托或聘请，为委托方的工程造价把好关，可以有效地维护国家或当事人的合法权益，这在造价工程师注册办法第六章“权利和义务”中已经明确规定，保障造价工程师依法独立执行业务，可以不受非法或行政干预，使造价工程师充分履行自己的职责，有效地发挥为社会提供造价咨询帮助的作用。

（4）是加快人才培养、提高和促进工程造价专业队伍素质和业务水平的需要。随着建设市场的全面开放，工程造价通过招投标竞争定价将更加的激烈，无论是投资、设计、承包方或造价咨询单位，利用最少的投入，取得最大的利润或投资效益都是必须认真考虑的。这些都是需要竞争和加强管理才能做到的。市场的竞争最终将体现为人才的竞争，参与建设的各方，没有一批高素质的人才，就不可能编制和管理好工程造价。改革开放以来，我们国家注重了经济效益，各单位开始重视概预算人员的工作，目前专业人员的水平，总体上较以前有了提高，但仍然不能适应形势发展的需要。如工程造价在编制过程中存在计算上的漏算、缺项、工程计量不准，不会做补充定额等现象大量存在，更应引起注意的是，缺乏能动的影响，优化决策、设计、施工等方案的知识和技能；在开拓一些新的领域方面，如索赔、风险管理、投标策略等更缺乏相应的探索精神。所有这些情况说明，我们这支专业队伍的业务水平离国际市场尚有一定的距离。要改变这种现状，就必须实行准入制度，建立起适应人才市场竞争，促进工程造价管理质量、专业人员技术水平和执业能力不断提高的激励机制。

二、国内外造价工程师执业资格制度概况

1. 我国造价工程师执业资格制度概况

我国每年固定资产投资达几万亿元，从事工程造价业务活动的人员超过 100 万人，这支队伍在专业和技术方面对管好用好固定资产投资发挥了重要的作用。为了加强建设工程造价专业技术人员的执业准入控制和管理，确保建设工程造价管理工作质量，维护国家和社会公共利益，1996 年 8 月，原人事部、建设部联合发布了《造价工程师执业资格制度暂行规定》，

2018年，住建部、交通部、水利部、人社部联合发布了《造价工程师职业资格制度规定》。造价工程师分为一级和二级，纳入国家职业资格目录，列入准入类职业资格。工程造价咨询企业应配备造价工程师，工程建设活动中有关工程造价管理岗位按需要配备造价工程师。

在实施全国统一考试之前，原国家建设部和人事部联合对已从事工程造价管理工作并具有高级专业技术职务的人员，分别于1997年和1998年分两批通过考核认定了1853名工程造价管理专业人员具有造价工程师执业资格。同时，于1997年组织了九省市试点考试。全国造价工程师执业资格统一考试从1998年开始，除1999年外，2000年及其以后的各年均举行了全国统一考试。据不完全统计，截至2017年9月我国造价工程师的数量已经突破18万人，为了解我国造价工程师每年新增数量，2006～2017年造价工程师注册数量具体统计见表2-3。

表2-3　2006～2017年造价工程师注册数量统计表（人）

年份	每年新增注册数量	历年累计注册总量
2006	10 184	85 905
2007	9179	95 084
2008	4327	99 411
2009	5125	104 536
2010	6168	110 704
2011	6404	117 108
2012	5210	122 318
2013	9213	131 531
2014	10 039	141 570
2015	12 932	154 502
2016	13 545	168 047
2017	15 375	183 422

数据来源：中华人民共和国住房和城乡建设部 www.mohurd.gov.cn

2. 国外造价工程师执业资格制度概况

以英国为例。造价工程师在英国称为“工料测量师”，特许工料测量师的称号是由英国皇家特许测量师学会（RICS）经过严格程序而授予该会的专业会员（MRICS）和资深会员（FRICS）的。整个程序如图2-24所示。

RICS（Royal Institution of Chartered Surveyor）—英国皇家特许测量师学会，是世界最大的房地产、建筑、测量和环境领域的综合性专业团体，是为全球广泛认可的拥有“物业专才”之称的世界顶级专业性学会。迄今为止，英国皇家特许测量师学会（RICS）已经有149年的历史，目前有14万多会员分布在全球144多个国家；拥有400多个RICS认可的相关大学学位专业课程，每年发表超过500份的研究及公共政策评论报告，向会员提供覆盖17个专业领域和相关行业的最新发展趋势；英国皇家特许测量师学会（RICS）得到了全球50多个地方性协会及联合团体的大力支持。

（1）RICS会员的作用。在境外作为个人执业的必备资格，也代表一种个人信誉，被RICS开除的人员将无法在业内立足。RICS强调专业胜任能力，他要求你能达到比同行更

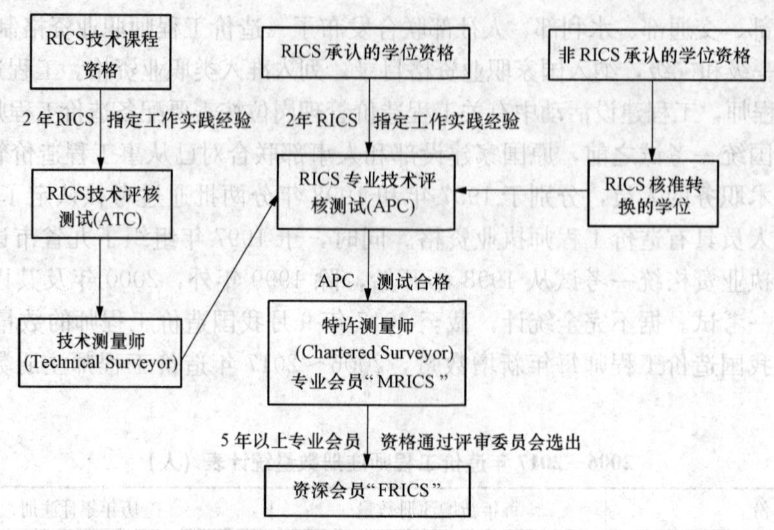

图 2-24 英国工料测量师授予程序图

高的专业水准，具备 RICS 本身就代表这种胜任能力，可在全球领域获得客户更好的信任。另外基本上只有管理层的人员才能成为 RICS 会员，RICS 要求会员不仅具备独立工作的能力，更重要的是阅读能力，要具有独到眼光，能够判别别人工作优劣的管理人员，他们一半是学者身份，一半是企业人士身份，从此点来说，RICS 属于业内一种专家身份证明，它和国内的执业资格如房地产估价师或注册咨询工程师是有本质的区别的，国内的许多资质是属于政府行为，各个部委条块分割，出于各自利益对相似工作进行条块分割，这样的资质一般都是政府强制行为，作为就业的最基本条件，一般不代表行业标准。而 RICS 则代表行业标准，RICS 不是一个初级资质，它属于一种专家级别的资质，RICS 是行业精英的团体。

(2) RICS 会员的核心价值。

1) RICS 是国际通用的执业资格，在欧美及澳洲被强制要求，在亚、非、中东及拉美大部分国家得到认可；在中国得到三大协会的一致认可推广。

2) RICS 是工料测量、评估等领域最高资质，获得"英国皇家特许测量师"这一称号是行业专家级别的标志，以全球认可的专业资格获得客户和雇主的信任。

3) 拥有同相关商业团体和专业组织紧密的网络。

4) 享有持续专业发展 (CPD) 的学习资源。

5) 通过相关的协会，组织获得全球各地区的支持。

6) 经过互联网可以访问世界最大的物业类图书馆之一—— RICS 图书馆。

7) 定期收到相关资讯，包括电子新闻、地域及国家期刊和通讯。

8) 得到来自专业领域的最新资讯、指引和培训等。

三、造价工程师执业资格考试介绍

1. 考试组织

住建部、交通部、水利部、人社部共同委托人社部人事考试中心承担一级造价工程师职业资格考试的具体考务工作，各省、自治区、直辖市住建、交通、水利行政主管部门会同人社行政主管部门组织实施二级造价工程师职业资格考试。

各省、自治区、直辖市住建、交通、水利、人社行政主管部门共同负责本地区一级造价工程师职业资格考试组织工作，具体职责分工由各地协商确定。

住建部、交通部、水利部可分别委托具备相应能力的单位承担一级造价工程师职业资格考试工作的命题、审题和主观试题阅卷等具体工作。

全国造价工程师执业资格考试每年举行一次，造价工程师执业资格考试实行全国统一大纲、统一命题、统一组织的办法，原则上每年举行一次，原则上只在省会城市设立考点。全国各地的报名时间一般在每年的 4 月，全国各省、市报名时间并不相同，考试一般在每年的 10 月中旬举行。

2. 报考条件

凡遵守中华人民共和国宪法、法律、法规，具有良好的业务素质和道德品行。

（1）具备下列条件之一者，可以申请参加一级造价工程师职业资格考试：

1）具有工程造价专业大学专科（或高等职业教育）学历，从事工程造价业务工作满 5 年。

2）具有土木建筑、水利、装备制造、交通运输、电子信息、财经商贸大类大学专科（或高等职业教育）学历，从事工程造价业务工作满 6 年。

3）具有通过工程教育专业评估（认证）的工程管理、工程造价专业大学本科学历或学位，从事工程造价业务工作满 4 年。

4）具有工学、管理学、经济学门类大学本科学历或学位，从事工程造价业务工作满 5 年。

5）具有工学、管理学、经济学门类硕士学位或者第二学士学位，从事工程造价业务工作满 3 年。

6）具有工学、管理学、经济学门类博士学位，从事工程造价业务工作满 1 年。

7）具有其他专业相应学历或者学位的人员，从事工程造价业务工作年限相应增加 1 年。

（2）具备下列条件之一者，可以申请参加二级造价工程师职业资格考试：

1）具有工程造价专业大学专科（或高等职业教育）学历，从事工程造价业务工作满 2 年。

2）具有土木建筑、水利、装备制造、交通运输、电子信息、财经商贸大类大学专科（或高等职业教育）学历，从事工程造价业务工作满 3 年。

3）具有工程管理、工程造价专业大学本科及以上学历或学位，从事工程造价业务工作满 1 年。

4）具有工学、管理学、经济学门类大学本科及以上学历或学位，从事工程造价业务工作满 2 年。

5）具有其他专业相应学历或学位的人员，从事工程造价业务工作年限相应增加 1 年。

3. 考试科目

一级造价师考试全国统一大纲、统一命题、统一组织，二级造价师考试全国统一大纲，各省、自治区、直辖市自主命题并组织实施。一级和二级造价师考试均设置基础科目和专业科目。住建部组织拟定一级造价师和二级造价师考试基础科目的考试大纲，组织一级造价师基础科目命审题工作。住建部、交通部、水利部按照职责分别负责拟定一级造价师和二级造价师考试专业科目的考试大纲，组织一级造价工程师专业科目命审题工作。

造价师考试专业科目分为土木建筑工程、交通运输工程、水利工程和安装工程 4 个专业类别，一级 4 个考试科目。二级 2 个考试科目。土木建筑工程和安装工程专业由住建部负责，交通运输工程专业由交通部负责，水利工程专业由水利部负责。一级造价师和二级造价师考试对比情况见表 2-4。

表 2-4　一、二级造价师考试对比情况表

序号	名 称	一级造价师	二级造价师
1	考 试	全国统一大纲、统一命题、统一组织	全国统一大纲，各省、自治区、直辖市自主命题并组织实施
2	基础考试科目（时间）	建设工程造价管理（2.5 小时）、建设工程计价（2.5 小时）	建设工程造价管理基础知识（2.5 小时）
3	专业考试科目（时间）	建设工程技术与计量（2.5 小时）、建设工程造价案例分析（4 小时）	建设工程计量与计价实务（3 小时）
4	考试时间	4 个半天	2 个半天
5	每年考试次数	每年一次	每年不少于一次
6	成绩有效	4 年一个周期滚动	2 年一个周期滚动
7	证书	人社部统一印制，住建部、交通部、水利部分别与人社部共同用印	各省、自治区、直辖市住房城乡建设、交通运输、水利行政主管部门按专业类别分别与人社行政主管部门用印
8	有效范围	全国范围内有效	原则上在所在行政区域内有效，各地可制定跨区域认可办法

一级造价师考试成绩实行 4 年为一个周期滚动，在连续的 4 个考试年度内通过全部考试科目，方可取得一级造价工程师职业资格证书。二级造价师考试成绩实行 2 年为一个周期的滚动，参加全部 2 个科目考试的人员必须在连续的 2 个考试年度内通过全部科目，方可取得二级造价工程师职业资格证书。

已取得造价工程师一种专业职业资格证书的人员，报名参加其他专业科目考试的，可免考基础科目。考试合格后，核发人力资源社会保障部门统一印制的相应专业考试合格证明。该证明作为注册时增加执业专业类别的依据。

专业技术人员取得一级造价工程师、二级造价工程师职业资格，可认定其具备工程师、助理工程师职称，并可作为申报高一级职称的条件。

四、造价工程师注册介绍

注册造价工程师是指通过全国造价工程师执业资格统一考试或者资格认定、资格互认，取得中华人民共和国造价工程师执业资格（以下简称“执业资格”），并按照《注册造价工程师管理办法》注册，取得中华人民共和国造价工程师注册执业证书（以下简称“注册证书”）和执业印章，从事工程造价活动的专业人员。

1. 注册管理部门

造价工程师执业资格实行注册登记制度，取得执业资格的人员，经过注册方可以注册造价工程师的名义执业。未取得注册证书和执业印章的人员，不得以注册造价工程师的名义从事工程造价活动。

（1）国务院住房城乡建设主管部门对全国注册造价工程师的注册、执业活动实施统一监督管理；国务院铁路、交通、水利、信息产业等有关部门按照国务院规定的职责分工，对有关专业注册造价工程师的注册、执业活动实施监督管理。

（2）省、自治区、直辖市人民政府住房城乡建设主管部门对本行政区域内注册造价工程师的注册、执业活动实施监督管理。

（3）工程造价行业组织应当加强造价工程师自律管理，鼓励注册造价工程师加入工程造价行业组织。

2. 注册条件

取得《造价工程师执业资格证书》的人员，可自资格证书签发之日起一年内申请初始注册。逾期未申请者，须符合继续教育的要求后方可申请初始注册，注册造价工程师的注册条件如下。

（1）取得执业资格。

（2）受聘于一个工程造价咨询企业或者工程建设领域的建设、勘察设计、施工、招标代理、工程监理、工程造价管理等单位。

（3）无下列不予注册的情形：

1）不具有完全民事行为能力的；

2）申请在两个或者两个以上单位注册的；

3）未达到造价工程师继续教育合格标准的；

4）前一个注册期内工作业绩达不到规定标准或未办理暂停执业手续而脱离工程造价业务岗位的；

5）受刑事处罚，刑事处罚尚未执行完毕的；

6）因工程造价业务活动受刑事处罚，自刑事处罚执行完毕之日起至申请注册之日止不满5年的；

7）因前项规定以外原因受刑事处罚，自处罚决定之日起至申请注册之日止不满3年的；

8）被吊销注册证书，自被处罚决定之日起至申请注册之日止不满3年的；

9）以欺骗、贿赂等不正当手段获准注册被撤销，自被撤销注册之日起至申请注册之日止不满3年的；

10）法律、法规规定不予注册的其他情形。

3. 注册提交材料

（1）初始注册。申请初始注册的，应当提交下列材料：

1）初始注册申请表；

2）执业资格证件和身份证件复印件；

3）与聘用单位签订的劳动合同复印件；

4）工程造价岗位工作证明；

5）取得资格证书的人员，自资格证书签发之日起1年后申请初始注册的，应当提供继续教育合格证明；

6）受聘于具有工程造价咨询资质的中介机构的，应当提供聘用单位为其交纳的社会基本养老保险凭证、人事代理合同复印件，或者劳动、人事部门颁发的离退休证复印件；

7）外国人、中国台港澳人员应当提供外国人就业许可证书、中国台港澳人员就业证书复印件。

（2）延续注册。初始注册的有效期为4年，注册造价工程师注册有效期满需继续执业的，应当在注册有效期满 30 日前申请延续注册。申请延续注册的，延续注册的有效期为 4 年。延续注册应当提交下列材料：

1）延续注册申请表；

2）注册证书；

3）与聘用单位签订的劳动合同复印件；

4）前一个注册期内的工作业绩证明；

5）继续教育合格证明。

（3）变更注册。在注册有效期内，注册造价工程师变更执业单位的，应当与原聘用单位解除劳动合同，并按照《注册造价工程师管理办法》第八条规定的程序办理变更注册手续，变更注册后延续原注册有效期。申请变更注册的，应当提交下列材料：

1）变更注册申请表；

2）注册证书；

3）与新聘用单位签订的劳动合同复印件；

4）与原聘用单位解除劳动合同的证明文件；

5）受聘于具有工程造价咨询资质的中介机构的，应当提供聘用单位为其交纳的社会基本养老保险凭证、人事代理合同复印件，或者劳动、人事部门颁发的离退休证复印件；

6）外国人、中国台港澳人员应当提供外国人就业许可证书、中国台港澳人员就业证书复印件。

五、注册造价工程师执业介绍

1. 执业范围

（1）一级注册造价工程师的执业范围包括建设项目全过程的工程造价管理与咨询等，具体工作内容如下：

1）项目建议书，可行性研究投资估算与审核，项目评价造价分析；

2）建设工程设计概算、施工预算编制和审核；

3）建设工程招标投标文件工程量和造价的编制与审核；

4）建设工程合同价款、结算价款、竣工决算价款的编制与管理；

5）建设工程审计、仲裁、诉讼、保险中的造价鉴定，工程造价纠纷调解；

6）建设工程计价依据、造价指标的编制与管理；

7）与工程造价管理有关的其他事项。

（2）二级注册造价工程师主要协助一级注册造价工程师开展相关工作，可独立开展以下具体工作：

1）建设工程工料分析、计划、组织与成本管理，施工图预算、设计概算编制；

2）建设工程量清单、最高投标限价、投标报价编制；

3）建设工程合同价款、结算价款和竣工决算价款的编制。

2. 执业责任

（1）造价工程师应在本人工程造价咨询成果文件上签章，并承担相应责任。工程造价咨询成果文件应由一级造价工程师审核并加盖执业印章。

（2）对出具虚假工程造价咨询成果文件或者有重大工作过失的造价工程师，不再予以注册，造成损失的依法追究其责任。

(3) 造价工程师不得同时受聘于两个或两个以上单位执业，不得允许他人以本人名义执业，严禁“证书挂靠”。出租出借注册证书的，依据相关法律法规进行处罚；构成犯罪的，依法追究刑事责任。

3. 执业道德

(1) 造价工程师在工作中，必须遵纪守法，恪守职业道德和从业规范，诚信执业，主动接受有关主管部门的监督检查，加强行业自律。

(2) 住建部、交通部、水利部共同建立健全造价工程师执业诚信体系，制定相关规章制度或从业标准规范，并指导监督信用评价工作。

(3) 取得造价工程师注册证书的人员，应当按照国家专业技术人员继续教育的有关规定接受继续教育，更新专业知识，提高业务水平。

第五节 工程造价咨询及其管理制度

一、工程造价咨询及相关概念

1. 咨询的含义

在古汉语中，“咨”“询”两个字原来并不构成一个词，而是分开使用的，两者都有询问和商量之意。

咨询是利用科学技术和管理人才已有的专门知识技能和经验，根据政府、企业乃至个人的委托要求，提供解决有关决策、技术和管理等方面问题的优化方案的智力服务活动过程。

2. 工程咨询的含义

工程咨询是指遵循独立、科学、公正的原则，运用工程技术、科学技术、经济管理和法律法规等多学科方面的知识和经验，为政府部门、项目业主及其他各类客户的工程建设项目决策和管理提供咨询活动的智力服务，包括前期立项阶段咨询、勘察设计阶段咨询、施工阶段咨询、投产或交付使用后的评价等工作。

3. 工程造价咨询的含义

工程造价咨询是指面向社会接受委托、承担建设项目的全过程、动态的造价管理，包括可设项目决策、设计、发承包、实施、竣工等各个阶段进行工程计价，或者为委托方提供建设项目的工程造价管理。

工程造价咨询是咨询企业接受委托方的委托而提供的一种有偿服务。一般要通过工程造价专业人员运用工程造价的专业技能，在决策和设计阶段，建设项目的估价与决策需要一定的专业知识，这是一般的开发商或投资人所不具备的；在工程发承包和实施阶段，发包人与承包人相比，处于信息不对称的弱势地位，为弥补这些不足投资人或发包人应聘请工程造价咨询企业提供专业服务。另外，在工程建设过程中，也需要进行工程造价鉴定、争议解决、工程审计等经济鉴证服务，这些均需要工程造价咨询企业提供的专业中介服务。

二、工程造价咨询的原则与特点

工程造价咨询业是知识、技术密集的智力型服务业，属于第三产业。工程造价咨询者既不是投资者、决策者，也不是项目法人、业主，更不是工程建设实施者，而是为他们提供智力服务的个体、群体或单位。

1. 工程造价咨询的原则

工程造价咨询应坚持合法、独立、公正、客观、诚实信用的原则，不得损害社会公共利益和他人的合法权益，任何单位和个人不得非法干预依法进行的工程造价咨询活动。

(1) 合法原则。合法原则是指工程造价咨询企业和工程造价专业人员在工程造价咨询活动中，应依法、依规进行执业，提交合格的成果文件，包括主体合法、程序合法、依据合法、成果文件合法。

(2) 独立原则。独立原则是指工程造价咨询企业和工程造价专业人员在咨询活动中，应不受非正常因素干扰独立地提供咨询成果文件。工程造价咨询单位应具有独立的法人地位，独立自主地执业，对自己完成的咨询成果独立承担法律责任。工程造价咨询单位的独立性，是其从事市场中介服务的法律基础，是坚持客观、公正立场的前提条件，是赢得社会信任的重要因素。

(3) 公正原则。公正原则是工程造价咨询企业和工程造价专业人员在工程造价咨询活动中，应公正地出具咨询成果文件，做到立场公正、行为公正、程序公正、方法科学公正、成果文件体现公正。工程造价咨询的公正性，并非无原则地调和或折中，也不是简单地在矛盾的双方保持中立。在业主、咨询工程师、承包商三者关系中，咨询工程师不论是为业主服务还是为承包商服务，都要替委托方着想，但这并不意味盲从委托方的所有想法和意见。当委托方的想法和意见不正确时，咨询工程师应敢于提出不同意见，或在授权范围内进行协调或裁决，支持意见正确的另一方。特别是对不符合宏观规划、政策的项目，要敢于提出并坚持不同意见，帮助委托方优化方案，甚至做出否定的咨询结论。这既是对国家、社会和人民负责，也是对委托方负责，因为不符合宏观要求的盲目发展，不可能取得长久的经济效益和社会效益，最终可能成为委托方的历史包袱。

(4) 客观原则。客观性原则是指工程造价咨询企业和工程造价专业人员在工程造价咨询活动中，应全面、真实、准确、客观地出具的咨询成果文件，并对存在的问题进行客观地表述。

(5) 诚实信用原则。工程造价咨询要求实事求是，了解并反映客观、真实的情况，据实比选，据理论证，不弄虚作假；要求符合科学的工作程序、咨询标准和行为规范，不违背客观规律。工程造价咨询成果要经得住时间和历史的检验。诚实信用决定工程造价咨询的水准和质量，进而决定咨询成果是否可信、可靠、可用。

2. 工程造价咨询的特点

(1) 工程造价咨询业务弹性很大，可以是宏观的、整体的、全过程的咨询，也可以是某个问题、某项内容、某项工作的咨询。

(2) 每一项咨询任务都是一次性、单独的任务，只有类似性而无重复性。

(3) 工程造价咨询是高度智能化服务，需要多学科知识、技术、经验、方法和信息的集成及创新。

(4) 工程造价咨询牵涉面广，涉及政治、经济、技术、社会、文化等领域，需要协调和处理方方面面的关系，考虑各种复杂多变因素。

(5) 投资项目受相关条件的约束性较大，咨询结果是充分分析、研究各方面约束条件和风险的结果，可以是肯定结论，也可以是否定结论。结论为“项目不可行”的评估报告，也可以是质量优秀的咨询报告。

（6）工程造价咨询的成果带有预测性、前瞻性，咨询的成果除了咨询单位自我评价外，还要接受委托方或外部的验收评价，要经受时间和历史的考验。

（7）工程造价咨询提供智力服务，咨询成果（或产出品）属于非物质产品。工程造价咨询成果文件包括投资估算书、设计概算书、施工图预算书、工程量清单、最高投标限价（招标控制价）、工程计量与支付、竣工结算审核书、工程造价鉴定意见书等文件。

三、工程造价咨询企业资质等级标准

工程造价咨询企业资质等级分为甲级、乙级。

1. 甲级资质标准

（1）已取得乙级工程造价咨询企业资质证书满3年。

（2）企业出资人中，注册造价工程师人数不低于出资人总人数的60%，且其出资额不低于企业认缴出资总额的60%。

（3）技术负责人已取得造价工程师注册证书，并具有工程或工程经济类高级专业技术职称，且从事工程造价专业工作15年以上。

（4）专职从事工程造价专业工作的人员（以下简称“专职专业人员”）不少于20人，其中具有工程或者工程经济类中级以上专业技术职称的人员不少于16人；取得造价工程师注册证书的人员不少于10人，其他人员具有从事工程造价专业工作的经历。

（5）企业与专职专业人员签订劳动合同，且专职专业人员符合国家规定的职业年龄（出资人除外）。

（6）专职专业人员人事档案关系由国家认可的人事代理机构代为管理。

（7）企业近3年工程造价咨询营业收入累计不低于人民币500万元。

（8）具有固定的办公场所，人均办公建筑面积不少于10平方米。

（9）技术档案管理制度、质量控制制度、财务管理制度齐全。

（10）企业为本单位专职专业人员办理的社会基本养老保险手续齐全。

（11）在申请核定资质等级之日前3年内无《工程造价咨询企业管理办法》第二十七条禁止的行为。

2. 乙级资质标准

（1）企业出资人中，注册造价工程师人数不低于出资人总人数的60%，且其出资额不低于企业认缴出资总额的60%。

（2）技术负责人已取得造价工程师注册证书，并具有工程或工程经济类高级专业技术职称，且从事工程造价专业工作10年以上。

（3）专职专业人员不少于12人，其中具有工程或者工程经济类中级以上专业技术职称的人员不少于8人；取得造价工程师注册证书的人员不少于6人，其他人员具有从事工程造价专业工作的经历。

（4）企业与专职专业人员签订劳动合同，且专职专业人员符合国家规定的职业年龄（出资人除外）。

（5）专职专业人员人事档案关系由国家认可的人事代理机构代为管理。

（6）企业注册资本不少于人民币50万元。

（7）具有固定的办公场所，人均办公建筑面积不少于10平方米。

（8）技术档案管理制度、质量控制制度、财务管理制度齐全。

(9) 企业为本单位专职专业人员办理的社会基本养老保险手续齐全。

(10) 暂定期内工程造价咨询营业收入累计不低于人民币50万元。

(11) 申请核定资质等级之日前无《工程造价咨询企业管理办法》第二十七条禁止的行为。

四、工程造价咨询企业的业务承接

工程造价咨询企业依法从事工程造价咨询活动，不受行政区域限制。甲级工程造价咨询企业可以从事各类建设项目的工程造价咨询业务。乙级工程造价咨询企业可以从事工程造价5000万元人民币以下的各类建设项目的工程造价咨询业务。

1. 业务范围

工程造价咨询企业可以对建设项目的组织实施进行全过程或者若干阶段的管理和服务，工程造价咨询业务范围如下。

(1) 建设项目建议书及可行性研究投资估算、项目经济评价报告的编制和审核。

(2) 建设项目概预算的编制与审核，并配合设计方案比选、优化设计、限额设计等工作进行工程造价分析与控制。

(3) 建设项目合同价款的确定（包括招标工程工程量清单和招标控制价、投标报价的编制和审核）；合同价款的签订与调整（包括工程变更、工程洽商和索赔费用的计算）及工程款支付，工程结算及竣工结（决）算报告的编制与审核等。

(4) 工程造价经济纠纷的鉴定和仲裁的咨询。

(5) 提供工程造价信息服务等。

2. 分支机构

工程造价咨询企业设立分支机构的，应当自领取分支机构营业执照之日起30日内，持下列材料到分支机构工商注册所在地省、自治区、直辖市人民政府建设主管部门备案。

(1) 分支机构营业执照复印件。

(2) 工程造价咨询企业资质证书复印件。

(3) 拟在分支机构执业的不少于3名注册造价工程师的注册证书复印件。

(4) 分支机构固定办公场所的租赁合同或产权证明。

省、自治区、直辖市人民政府建设主管部门应当在接受备案之日起20日内，报国务院建设主管部门备案。

3. 跨省、自治区、直辖市承接业务

工程造价咨询企业跨省、自治区、直辖市承接工程造价咨询业务的，应当自承接业务之日起30日内到建设工程所在地省、自治区、直辖市人民政府建设主管部门备案。

五、工程造价咨询企业的管理制度

1. 资质申请与审批

(1) 甲级许可程序。申请甲级工程造价咨询企业资质的，应当向申请人工商注册所在地省、自治区、直辖市人民政府建设主管部门或者国务院有关专业部门提出申请。省、自治区、直辖市人民政府建设主管部门、国务院有关专业部门应当自受理申请材料之日起20日内审查完毕，并将初审意见和全部申请材料报国务院建设主管部门；国务院建设主管部门应当自受理之日起20日内做出决定。

(2) 乙级许可程序。申请乙级工程造价咨询企业资质的，由省、自治区、直辖市人民政府建设主管部门审查决定。其中，申请有关专业乙级工程造价咨询企业资质的，由省、自治区、直辖市人民政府建设主管部门同级有关专业部门审查决定。乙级工程造价咨询企业资质许可的实施程序由省、自治区、直辖市人民政府建设主管部门依法确定。省、自治区、直辖市人民政府建设主管部门应当自做出决定之日起30日内，将准予资质许可的决定报国务院建设主管部门备案。

2. 申报材料

申请工程造价咨询企业资质，应当提交下列材料并同时在网上申报。

(1)《工程造价咨询企业资质等级申请书》。

(2) 专职专业人员（含技术负责人）的造价工程师注册证书、造价员资格证书、专业技术职称证书和身份证。

(3) 专职专业人员（含技术负责人）的人事代理合同和企业为其交纳的本年度社会基本养老保险费用的凭证。

(4) 企业章程、股东出资协议并附工商部门出具的股东出资情况证明。

(5) 企业缴纳营业收入的营业税发票或税务部门出具的缴纳工程造价咨询营业收入的营业税完税证明；企业营业收入含其他业务收入的，还需出具工程造价咨询营业收入的财务审计报告。

(6) 工程造价咨询企业资质证书。

(7) 企业营业执照。

(8) 固定办公场所的租赁合同或产权证明。

(9) 有关企业技术档案管理、质量控制、财务管理等制度的文件。

(10) 法律、法规规定的其他材料。

新申请工程造价咨询企业资质的，不需要提交第（5）项、第（6）项所列材料。

3. 新设立企业

新申请工程造价咨询企业资质的，其资质等级按照乙级资质标准中的前九项所列资质标准核定为乙级，设暂定期一年。

暂定期届满需继续从事工程造价咨询活动的，应当在暂定期届满30日前，向资质许可机关申请换发资质证书。符合乙级资质条件的，由资质许可机关换发资质证书。

4. 资质证书管理

准予资质许可的，资质许可机关应当向申请人颁发工程造价咨询企业资质证书。工程造价咨询企业资质证书由国务院建设主管部门统一印制，分正本和副本。正本和副本具有同等法律效力。

工程造价咨询企业遗失资质证书的，应当在公众媒体上声明作废后，向资质许可机关申请补办。工程造价咨询企业资质有效期为3年。资质有效期届满，需要继续从事工程造价咨询活动的，应当在资质有效期届满30日前向资质许可机关提出资质延续申请。资质许可机关应当根据申请做出是否准予延续的决定。准予延续的，资质有效期延续3年。

5. 资质证书变更

工程造价咨询企业的名称、住所、组织形式、法定代表人、技术负责人、注册资本等事项发生变更的，应当自变更确立之日起30日内，到资质许可机关办理资质证书变更手续。

工程造价咨询企业合并的，合并后存续或者新设立的工程造价咨询企业可以承继合并前各方中较高的资质等级，但应当符合相应的资质等级条件。

工程造价咨询企业分立的，只能由分立后的一方承继原工程造价咨询企业资质，但应当符合原工程造价咨询企业资质等级条件。

6. 撤销资质

工程造价咨询企业有下列情形之一的，资质许可机关或者其上级机关，根据利害关系人的请求或者依据职权，可以撤销工程造价咨询企业资质。

(1) 资质许可机关工作人员滥用职权、玩忽职守做出准予工程造价咨询企业资质许可决定的。

(2) 超越法定职权做出准予工程造价咨询企业资质许可决定的。

(3) 违反法定程序做出准予工程造价咨询企业资质许可决定的。

(4) 对不具备行政许可条件的申请人做出准予工程造价咨询企业资质许可决定的。

(5) 依法可以撤销工程造价咨询企业资质的其他情形。

工程造价咨询企业以欺骗、贿赂等不正当手段取得工程造价咨询企业资质的，应当予以撤销。

7. 撤回资质

工程造价咨询企业取得工程造价咨询企业资质后，不再符合相应资质条件的，资质许可机关根据利害关系人的请求或者依据职权，可以责令其限期改正；逾期不改的，可以撤回其资质。

8. 注销资质

工程造价咨询企业有下列情形之一的，资质许可机关应当依法注销工程造价咨询企业资质。

(1) 工程造价咨询企业资质有效期满，未申请延续的。

(2) 工程造价咨询企业资质被撤销、撤回的。

(3) 工程造价咨询企业依法终止的。

(4) 法律、法规规定的应当注销工程造价咨询企业资质的其他情形。

9. 信用制度

工程造价咨询企业应当按照有关规定，向资质许可机关提供真实、准确、完整的工程造价咨询企业信用档案信息。工程造价咨询企业信用档案应当包括工程造价咨询企业的基本情况、业绩、良好行为、不良行为等内容。违法行为、被投诉举报处理、行政处罚等情况应当作为工程造价咨询企业的不良记录记入其信用档案。任何单位和个人有权查阅信用档案。

10. 法律责任

(1) 申请人隐瞒有关情况或者提供虚假材料申请工程造价咨询企业资质的，不予受理或者不予资质许可，并给予警告，申请人在1年内不得再次申请工程造价咨询企业资质。

(2) 以欺骗、贿赂等不正当手段取得工程造价咨询企业资质的，由县级以上地方人民政府建设主管部门或者有关专业部门给予警告，并处以1万元以上3万元以下的罚款，申请人3年内不得再次申请工程造价咨询企业资质。

(3) 未取得工程造价咨询企业资质从事工程造价咨询活动或者超越资质等级承接工程造价咨询业务的，出具的工程造价成果文件无效，由县级以上地方人民政府建设主管部门或者有关专业部门给予警告，责令限期改正，并处以 1 万元以上 3 万元以下的罚款。

(4) 违反《工程造价咨询企业管理办法》第十七条规定，工程造价咨询企业不及时办理资质证书变更手续的，由资质许可机关责令限期办理；逾期不办理的，可处以 1 万元以下的罚款。

(5) 有下列行为之一的，由县级以上地方人民政府建设主管部门或者有关专业部门给予警告，责令限期改正；逾期未改正的，可处以 5000 元以上 2 万元以下的罚款。

1) 违反《工程造价咨询企业管理办法》第二十三条规定，新设立分支机构不备案的。

2) 违反《工程造价咨询企业管理办法》第二十五条规定，跨省、自治区、直辖市承接业务不备案的。

(6) 工程造价咨询企业有本办法第二十七条行为之一的，由县级以上地方人民政府建设主管部门或者有关专业部门给予警告，责令限期改正，并处以 1 万元以上 3 万元以下的罚款。

(7) 资质许可机关有下列情形之一的，由其上级行政主管部门或者监察机关责令改正，对直接负责的主管人员和其他直接责任人员依法给予处分；构成犯罪的，依法追究刑事责任。

1) 对不符合法定条件的申请人准予工程造价咨询企业资质许可或者超越职权做出准予工程造价咨询企业资质许可决定的。

2) 对符合法定条件的申请人不予工程造价咨询企业资质许可或者不在法定期限内做出准予工程造价咨询企业资质许可决定的。

3) 利用职务上的便利，收受他人财物或者其他利益的。

4) 不履行监督管理职责，或者发现违法行为不予查处的。

阅读材料

中国建筑行业的九大奖项你都知道吗?

中国的建筑行业中设有很多奖项，据不完全统计，我国各类国家级和协会级的建筑奖项就超过 50 项，省市一级的建筑奖项超过 300 项，其中不包括媒体、机构、民间举办的评奖数量。你知道中国建筑行业的九大奖项都有哪些吗?

一、鲁班奖

“鲁班奖”是中国建筑业的“奥斯卡”，是每个优秀工程都向往的奖项，全称为“建筑工程鲁班奖”。1987 年由中国建筑业联合会设立，1993 年移交中国建筑业协会，主要目的是为了鼓励建筑施工企业加强管理，搞好工程质量，争创一流工程，推动我国工程质量水平普遍提高。“鲁班奖”由住建部、中国建筑业协会颁发，每年评选一次，颁发数额为每年 45 个。

二、詹天佑奖

1999 年设立的“詹天佑奖”全称为“中国土木工程詹天佑大奖”，是中国土木工程行业设立的最大奖项。该奖由中国土木工程学会、詹天佑土木工程科技发展基金会联合设立，主要目的是为了推动土木工程建设领域的科技创新活动，促进土木工程建设的科技进步，进一步激励土木工程界的科技与创新意识。因此，该奖又被称为建筑业的“科技创新工程奖”。“詹天佑奖”每两年评选一次。

三、梁思成奖

“梁思成奖”是经国务院批准，以中国近代著名的建筑家和教育家梁思成先生命名的中国建筑设计国家奖。设立“梁思成奖”是为了激励中国建筑师的创新精神，繁荣建筑设计创作，提高中国建筑设计水平，表彰奖励在建筑设计创作中做出重大成绩和贡献的杰出建筑师。“梁思成奖”被提名者，必须是中华人民共和国一级注册建筑师和中国建筑学会会员，且在中国大陆从事建筑创作满20周年。

四、华夏建设科学技术奖

华夏建设科学技术奖是建设系统以社会力量办奖形式设立的建设行业科学技术奖。设奖机构为中国建筑设计研究院，承办机构为住建部科技发展促进中心，决策机构为建设行业有关单位组成的奖励委员会。该奖项分为特等奖、一等奖、二等奖和三等奖4个等级。

五、绿色建筑创新奖

绿色建筑创新奖由住建部设立，由住建部科学技术委员会负责实施，日常管理由住建部科学技术司负责。绿色建筑创新奖设立一等奖、二等奖、三等奖3个等级，每两年评选一次。绿色建筑创新奖的奖励对象为在推进建设事业节约资源、保护环境和可持续发展中，对发展绿色建筑有突出示范作用的工程和有积极作用的技术与产品，以及做出重要贡献的组织和人员。

六、全国建筑工程装饰奖

中国建筑装饰行业的最高荣誉奖，由中国建筑装饰协会主办的评选活动。全国建筑工程装饰奖每年评选一次。装饰奖的建筑装饰工程应当是设计与施工完美结合，符合室内环境污染控制规范要求，设计创意和施工工艺达到国内先进水平的装饰精品，包括新建、改建、扩建的各类公共建筑装饰工程。

七、中国建筑工程钢结构金奖

中国建筑工程钢结构金奖是中国建筑钢结构行业工程质量的最高荣誉奖。钢结构金奖的评选对象，为我国从事建筑钢结构制作、安装企业承建的各类建筑钢结构工程，工程质量应达到中国国内领先水平。钢结构金奖每年评选一次。评选委员会根据各省、自治区、直辖市行业协会或有关主管部门（总公司）的上报情况，确定获奖数量。

八、工程项目管理优秀奖

工程项目管理优秀奖是中国勘察设计协会和中国工程咨询协会，在工程咨询和勘察设计行业继续开展评定优秀工程项目管理和优秀工程总承包项目并进行评奖表彰活动，每两年开展一次。该奖项相关工作由中国勘察设计协会建设项目管理和工程总承包分会和中国工程咨询协会项目管理指导工作委员会具体组织实施。

九、工程总承包金钥匙奖

工程总承包金钥匙奖是在中国勘察设计协会和中国工程咨询协会领导下，中国勘察设计协会建设项目管理和工程总承包分会和中国工程咨询协会项目管理指导工作委员会具体负责优秀工程项目管理和优秀工程总承包项目的评定表彰工作，而设的工程总承包奖项里面的一种，工程总承包奖项还包括工程总承包银钥匙奖、工程总承包铜钥匙奖。项目评奖表彰工作每两年开展一次。

思考题

章末习题检测

扫描二维码，查看分享内容

1．“建设工程”“建设项目”“工程管理”“工程造价”等概念之间有什么联系？

2．简述工程造价管理的意义和基本内容。

3．什么是全寿命周期，全寿命周期各阶段的工程造价称谓是什么？

4．谈谈你对“鲁布革工程”的认识和所受到的启示。

5．简述造价工程师执业资格制度的意义，谈谈在学习中对此有何打算。

6．简述工程造价咨询企业资质等级标准的划分因素。

第三章　专业教学与课程体系

第一节　工程造价专业教学内容

工程造价专业教学内容分为知识体系、实践体系和创新训练三部分，通过有序的课程教学、实践教学和课外活动，实现学生的知识融合与能力提升。

一、知识体系

1. 知识体系的表述方法

要拥有从事专业技术工作的基本能力，首先需要掌握专业要求的理论基础知识、专业技术知识、相关知识和拓宽知识，这些知识的构成形成专业的知识体系。掌握了要求的知识体系，做工作就会有理有据，知其然又知其所以然，减少盲目性。对于今后从事工程造价专业的工作来讲，不仅可以提高工作效率，更重要的是面对工程技术问题能提出经济合理、技术可靠的解决办法。工科专业的学生在校学习要求掌握的知识体系一般可以有下述两种表述方法。

(1) 阶梯构成法。知识体系主要是由自然科学基础知识、工程技术基础知识、专业技术基础知识、专业技术知识及相关性知识组成的系统性知识。

这种方法可以表征出学生在大学里进行知识体系学习的基本进程。

(2) 分级构成法。知识体系是知识构成的最高级，知识体系由若干知识领域构成，知识领域又由若干个知识单元构成，知识单元又由若干个知识点构成。

这种方法把学生在大学里学习的知识体系比作一棵大树，知识领域如同树干，知识单元如同树枝，知识点如同树叶。它可以指导在进行知识体系的传承过程中，明确教什么、学什么，便于进行知识体系掌握的量化表征。

2. 工程造价专业的知识体系

工程造价专业知识体系由人文社会科学基础知识、自然科学基础知识、工具性知识和专业知识四部分组成。工程造价专业知识体系如图 3-1 所示。

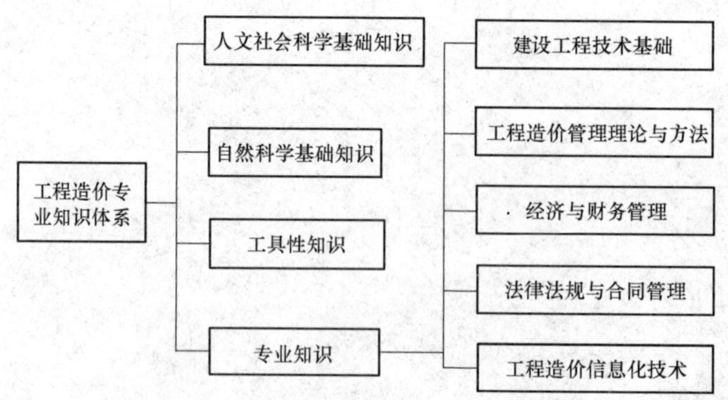

图 3-1　工程造价专业知识体系图

其中，专业知识部分由以下 5 个知识领域构成。

(1) 建设工程技术基础。

（2）工程造价管理理论与方法。

（3）经济与财务管理。

（4）法律法规与合同管理。

（5）工程造价信息化技术。

二、实践体系

工程造价专业实践体系包括各类试验、实习、设计、社会实践及科研训练等。实践体系内容分实践领域、实践单元、知识与技能点3个层次。通过实践教学，培养学生分析、研究、解决工程造价管理实际问题的综合实践能力和科学研究的初步能力。

1. 实验领域

工程造价专业实践体系中的实验领域包括基础实验、专业基础实验、专业性实验及研究性实验4个部分。

（1）基础实验。包括计算机及信息技术应用实验。

（2）专业基础实验。包括工程材料实验、工程力学实验。

（3）专业性实验。包括工程招投标模拟实验，工程计量、计价及造价管理软件应用实验，工程管理类软件应用实验等。

（4）研究性实验。各高等学校根据自身实际情况，针对专业知识开设，以设计性、综合性实验为主。

2. 实习领域

工程造价专业实践体系中的实习领域包括认识实习、课程实习、生产实习和毕业实习4个部分。

（1）认识实习。按工程造价专业知识的相关教学要求安排实践，应选择符合专业培养目标要求的相关内容。

（2）课程实习。包括工程测量实习、工程现场实习及其他与专业有关的课程实习。

（3）生产实习和毕业实习。各高等学校根据自身的办学特色及工程造价专业学生所需培养的综合专业能力，安排实习内容、时间和方式。

3. 设计领域

工程造价专业实践体系中的设计领域包括课程设计和毕业设计（论文）两个部分。课程设计和毕业设计（论文）的实践按专业特色安排相关内容。社会实践及科研训练等实践教学环节由各高等学校结合自身实际情况设置。

三、创新训练

工程造价专业人才的培养应体现知识、能力、素质协调发展的原则，应特别强调大学生创新思维、创新方法和创新能力的培养。创新训练与初步科研能力培养应在整个本科教学和管理相关工作中贯彻和实施，要注重以知识体系为载体，在课堂教学中进行创新训练；应以实践体系为载体，在实验、实习和设计中进行创新训练；选择合适的知识单元和实践环节，提出创新思维、创新方法、创新能力的训练目标，构建和实施创新训练单元。提倡和鼓励大学生参加创新活动，如国家大学生创新创业训练计划，以及学校大学生科研训练、相关专业或学科竞赛及工程计量与计价大赛、BIM大赛、创新大赛等大学生创新实践训练等。

有条件的高等学校可开设创新训练的专门课程，如创新思维和创新方法、工程造价管理研究方法、大学生创新性实验等，这些创新训练课程也应纳入工程造价专业培养方案。

第二节 工程造价专业课程体系

一、高等学校的课程体系

课程体系是实现学生学习和掌握知识体系的具体课程组成和学时学分安排。一个专业所设置的课程相互间的分工与配合，构成了课程体系。专业培养目标的实现，要靠开设的全部课程的协调与补充。课程体系是否合理，直接关系到所培养人才的质量。目前国内大多数专业的课程体系是按照知识体系的阶梯构成法进行设置，按四年制为基准进行安排。

课程体系的设计一般由负责本科教学的专业负责人进行规划，组织专业教师讨论形成。课程体系要根据指导性专业规范或专业培养方案进行设计。学生在选择课程时，要充分考虑知识体系的要求、学校对不同阶梯课程学分的要求及今后从事专业必须掌握的工程造价专业知识的要求。高等学校的学生在校学习的课程体系一般可以有下述两种表述方法。

1. 阶梯构成法

课程体系一般是由通识课程（工具性知识课程、政法军体课程及自然科学基础课程）、学科基础课程、专业技术基础课程、专业核心课程及相关性课程组成的系统课程。这种方法表征出学生在大学里进行知识体系学习时的课程的基本进程。

2. 选择法

选择法的课程体系由必修课和选修课组成。

必修课是表征工程造价专业学生与其他专业学生在知识体系上的不同侧重点课程，是工程造价专业必须掌握的基础知识课程，也是学生必须学习的课程，以保证所培养人才的基本规格和质量。必修课可分先后，一般通过考试来考核，在毕业时一定要修满、通过。必修课的课程及学分一般要占课程体系学分的60%以上。

选修课是把科学技术的新成就、新课题反映到教学中来，有利于学生扩大知识领域、活跃学术气氛，大多属于考查课。学生进行选修课程学习选择时，学分一定要选够，学生可以根据今后的就业去向、专业方向的爱好进行选择。

这种方法反映出学生在大学里进行知识体系学习的主体作用。但是学生在选择课程时要注意阶梯构成对学分都有最低学分要求；课程体系中，课程间及课程设计间的关系。

二、工程造价专业课程体系

知识体系的主要载体是课程体系，知识体系中要求的知识可以在1门课程或者几门课程的教学中体现出来。课程体系中的必修课教学内容应覆盖《高等学校工程造价专业本科指导性专业规范（2015年版）》（以下简称“《专业指导规范》”）规定的全部知识单元及知识点，《专业指导规范》推荐列出的知识体系与课程体系见表3-1。

表3-1 工程造价专业课程体系基本构成

序号	知识体系		课程体系
	体系分类	知识领域	
1	工具性知识（384学时）	外国语、信息科学技术、计算机技术与应用	大学外语、专业（或科技）外语、计算机信息技术、文献检索、程序设计语言、数据库技术、AutoCAD技术基础

续表

序号	知识体系		课 程 体 系
	体系分类	知识领域	
2	人文社会科学基础知识（332 学时）	哲学、政治学、历史学、法学、社会学、心理学、艺术、文学、体育、军事	毛泽东思想和中国特色社会主义理论体系、马克思主义基本原理、中国近代史纲要、思想道德修养与法律基础、心理学基础、体育、军事理论、文学欣赏、艺术欣赏
3	自然科学基础知识（320 学时）	数学、物理、环境科学基础	高等数学、线性代数、概率论与数理统计、大学物理、环境保护概论
4	专业知识（856 学时）	建设工程技术基础	工程制图与识图、工程测量、工程材料、土木工程概论（或其他工程概论）、工程力学、施工技术
		经济与财务管理	工程经济学、经济学原理、会计学基础、工程财务
		法律法规与合同管理	经济法、建设法规、工程招投标与合同管理
		工程造价管理理论与方法	管理学原理、管理运筹学、工程项目管理、工程造价专业导论、施工组织、工程定额原理、工程计量与计价、工程造价管理
		工程造价信息化技术	工程计量与计价软件、工程管理类软件
5	总计 1892 学时		总计 44 门

从表 3-1 可以看出：工具性知识、人文社会科学基础知识和自然科学基础知识的课程 21 门，学时 1036 学时，专业知识课程 23 门，学时 856 学时。从课程构成的层次，按阶梯构成法，可将课程分成如下几类。

1. 通识教育课程

（1）工具性知识、人文社会科学基础知识课程。工具性知识、人文社会科学基础知识课程为在校大学生通识教育的内容，这部分课程为国内在校大学生都要学习的课程，大多都列为必修课程。其中在报考研究生课程中占有两门，即外语和政治课程。外语以英语为例，它是进行国际文化交流、外文专业资料文献阅读、发表论文、技术交流的重要工具，在目前我国实施国际化大市场的引进来、走出去的背景下尤为重要。除在校通过外语课程考试外，社会考试也呈现多样化，国内有面对大学生的四、六级外语考试，其成绩是考研、找工作的重要成绩指标之一，国外同样有面对中国学生考研的雅思、托福等英语考试。

（2）自然科学基础知识课程。自然科学基础知识课程列出了工科大学生要进行通识知识学习的数理化课程，俗话讲“学好数理化，走遍天下都不怕”，可见其重要性。注意考研数学分类，见表 3-2。考研数学从对各自知识面的要求上来看，数学一最广，数学三次之，数学二最低。因此，备战数学一、数学三的同学要尽早开始复习，文科生或者说数学基础不太好的理工科同学要比其他同学多下功夫。

2. 专业教育课程

专业教育为必修课，含课程的实验实习和综合性实践教学环节。为掌握专业知识课程之间的相互关联，将表 3-1 中的专业知识课程分为三类，即学科基础课程、专业基础课程、专业核心课程。

（1）学科基础课程。包括经济学原理、会计学基础、工程财务、管理学原理、管理运筹学。

表 3-2 考研数学分类表

分类	数学一	数学二	数学三
适用专业不同	工学门类中的力学、机械工程、光学工程、仪器科学与技术、冶金工程、动力工程及工程热物理、电气工程、电子科学与技术、信息与通信工程、控制科学与工程、网络工程、电子信息工程、计算机科学与技术、土木工程、测绘科学与技术、交通运输工程、船舶与海洋工程、航空宇航科学与技术、兵器科学与技术、核科学与技术、生物医学工程等 20 个一级学科中所有的二级学科、专业	工学门类中的纺织科学与工程、轻工技术与工程、农业工程、林业工程、食品科学与工程等 5 个一级学科中所有的二级学科、专业须选用数学一或数学二的招生专业（由招生单位自定）；工学门类中的材料科学与工程、化学工程与技术、地质资源与地质工程、矿业工程、石油与天然气工程、环境科学与工程等一级学科中对数学要求较高的二级学科、专业选用数学一，对数学要求较低的选用数学二	1. 经济学门类的各一级学科。 2. 管理学门类中的工商管理、农林经济管理一级学科。 3. 授管理学学位的管理科学与工程一级学科
知识板块比重不同	高等数学（或微积分） 56% 线性代数 22% 概率论与数理统计 22%	高等数学（或微积分） 78% 线性代数 22%	高等数学（或微积分） 56% 线性代数 22% 概率论与数理统计 22%

（2）专业技术基础课程。包括工程制图与识图、工程测量、工程材料、土木工程概论（或其他工程概论）、工程力学、施工技术、工程经济学、工程项目管理、工程造价专业导论、施工组织。

（3）专业核心课程。包括工程定额原理、工程计量与计价、工程造价管理、工程计量与计价软件、工程管理类软件

3. 拓展教育课程

拓展教育为选修课，《专业指导规范》推荐的专业知识拓展课程见表 3-3。

表 3-3 专业知识拓展课程表

序号	知 识 领 域	课 程 体 系
1	建设工程技术基础	工程结构、建筑设备、专业工程概论
2	经济与财务管理	建设项目经济评价
3	法律法规与合同管理	国际工程合同管理
4	工程造价管理理论与方法	工程造价案例分析、工程风险管理、管理统计学
5	工程造价信息化技术	工程造价信息管理、BIM 原理及其应用

第三节 工程造价专业实践教学体系

一、专业实践教学体系的组成

教育部多年来一直强调我国的高等教育要注重培养口径宽、基础厚、能力强、素质高的人才。专业能力是通过教育培养和锻炼获得的。一般而言，知识、能力是紧密关联的，它们

之间的关系可以简单描述为：感性认识→理论学习→知识→实践→能力。

可以说，能力是更高层次的知识。在能力培养过程中，实践教学是非常重要的环节。在工程造价专业的实践教学中，经过长期的教学实践，形成了一套有效的实践教学体系，这个教学体系包括的实践环节有实验、实习、设计等。根据工程造价专业的《专业指导规范》要求，工程造价专业的实践环节及实践单元见表 3-4。

表 3-4　　实践环节及实践单元

<table>
<tr><th>序号</th><th>实践环节</th><th>单元数（个）</th><th>实践单元</th><th>推荐学时</th></tr>
<tr><td rowspan="3">1</td><td rowspan="3">实验</td><td>1</td><td>公共基础实验</td><td>16 学时</td></tr>
<tr><td>10</td><td>专业基础实验</td><td>24 学时</td></tr>
<tr><td>10</td><td>专业及研究性实验</td><td>8 学时</td></tr>
<tr><td rowspan="4">2</td><td rowspan="4">实习</td><td>2</td><td>认识实习</td><td>1 周</td></tr>
<tr><td>7</td><td>课程实习</td><td>2 周</td></tr>
<tr><td>1</td><td>生产实习</td><td>4 周</td></tr>
<tr><td>2</td><td>毕业实习</td><td>2 周</td></tr>
<tr><td rowspan="2">3</td><td rowspan="2">设计</td><td>6</td><td>课程设计</td><td>6 周</td></tr>
<tr><td>6（4）</td><td>毕业设计（论文）</td><td>14 周</td></tr>
</table>

二、实验领域

实验是促进课程学习，培养实际操作能力、观察能力、分析能力等多方面能力的重要的实践教学环节。工程造价专业的实验包括公共基础实验、专业基础实验和专业及研究性实验三大类。其中，公共基础实验是计算机及信息技术应用实验；专业基础实验是工程材料实验、工程力学实验；专业及研究性实验是工程计量与计价实验、造价管理软件应用实验、工程管理类软件应用实验和研究性实验环节。根据《专业指导规范》要求，工程造价专业的实验领域的实践单元和知识技能点见表 3-5。

表 3-5　　实验领域的实践单元和知识技能点

<table>
<tr><th>序号</th><th>实验领域</th><th>实践单元</th><th>编号</th><th>知识技能点</th><th>要求</th></tr>
<tr><td>1</td><td>公共基础实验</td><td>计算机及信息技术应用实验</td><td>1-1</td><td>参照计算机及信息技术应用教学要求</td><td>掌握</td></tr>
<tr><td rowspan="4">2</td><td rowspan="4">专业基础实验</td><td rowspan="4">工程材料实验</td><td>2-1</td><td>测定土建材料基本性质的方法；测定材料相对密度的方法</td><td>掌握</td></tr>
<tr><td>2-2</td><td>钢筋取样要求；钢筋标距打印，检验钢材的力学性能和机械性能的方法</td><td>掌握</td></tr>
<tr><td>2-3</td><td>水泥的物理性质检验方法和水泥的强度等级评定方法；水泥压力试验和抗折实验方法</td><td>掌握</td></tr>
<tr><td>2-4</td><td>测定砂和石的颗粒级配、粗细程度及石子的最大粒径；确定砂的细度模数、级配曲线；测定砂、石骨料的级配、含水量、含泥量</td><td>掌握</td></tr>
</table>

续表

序号	实验领域	实践单元	编号	知识技能点	要求
2	专业基础实验	工程材料实验	2-5	混凝土和易性的测定及调整方法；混凝土标准养护方法，混凝土强度评定方法；确定实验室和施工配合比	掌握
			2-6	沥青三大技术性质的测定方法；沥青牌号的评定	掌握
		工程力学实验	2-7	万能试验机的构造和工作原理	了解
			2-8	万能试验机的基本操作规程及使用注意事项	掌握
			2-9	测定低碳钢和铸铁的拉、压屈服极限、强度极限及低碳钢的伸长率、断面收缩率的方法	掌握
			2-10	观察材料在拉、压过程中的各种现象并绘制拉伸图，比较低碳钢与铸铁的拉、压力学性能	掌握
3	专业及研究性实验	工程计量、计价及造价管理软件应用实验	3-1	工程图形数据导入	掌握
			3-2	工程量计算	掌握
			3-3	建筑面积计算	掌握
			3-4	工程估价	掌握
			3-5	工程费用偏差分析	掌握
		工程管理类软件应用实验	3-6	万能试验机的构造和工作原理	熟悉
			3-7	工程投标报价	掌握
			3-8	项目管理沙盘模拟	熟悉
			3-9	BIM 技术应用	掌握
		研究性实验	3-10	各高等学校结合自身实际情况开设	熟悉

三、实习领域

工程造价专业实习由认识实习、课程实习、生产实习和毕业实习组成。不同的实习，不仅安排的时期、时间不同，而且内容和要求也不同。

1. 认识实习

认识实习一般是安排在专业基础课程学习后、专业课程学习之前的实习，对专业课程的学习建立感性认识，认识实习主要是工程参观形式，了解工程造价的组成和基本工作业务过程，为专业课程的学习做准备。因此，认识实习的目的可以归纳为：

（1）了解工程造价专业的知识要点和教学的整体安排，了解工程造价专业的研究对象和学习内容；

（2）增加对工程造价专业的兴趣和学习目的性。

2. 课程实习

课程实习是指任课教师结合课程内容进行工程建设项目现场参观、现场讲解，辅之以教学录像，让学生运用某一专业基础或专业课程的知识与实际相联系，以增强感性认识、验证某些理论、提高某些技能的实践教学形式。

3. 生产实习

生产实习是训练实际动手能力的实习，在这个实习环节，学生直接参与到实际工程造价业务过程中。该实习环节要求学生具备一定的专业知识，因而通常安排在主要专业课程学习期间或学习之后。因此，生产实习的目的可以归纳为：

(1) 熟悉工程建设各主要环节及工程计量与计价、造价管理流程；

(2) 增加对合同构成、履行、管理等的感性认识。

4. 毕业实习

毕业实习是指学生在毕业之前，即在学完全部课程之后到实习现场参与一定实际工作，通过综合运用全部专业知识及有关基础知识解决专业技术问题，获取独立工作能力，在思想上、业务上得到全面锻炼，并进一步掌握专业技术的实践教学形式。毕业实习是系统性很强、涉及面很广、深度较大的实习，它往往是与毕业设计或毕业论文相联系的一个准备性教学环节。因此，毕业实习的目的可以归纳为：

(1) 通过综合运用所学专业知识使学生获得独立工作的能力，并培养学生的综合职业能力；

(2) 有目的地围绕毕业设计或毕业论文进行毕业实习，以便在实践中获得有关资料，为进行毕业设计或撰写毕业论文做好准备。

根据《专业指导规范》和各高等学校自身的实际情况，实习领域的实践单元和知识技能点见表 3-6。

表 3-6 实习领域的实践单元和知识技能点

<table>
<tr><th>序号</th><th>实习领域</th><th>实践单元</th><th>编号</th><th>知识技能点</th><th>要求</th></tr>
<tr><td rowspan="2">1</td><td rowspan="2">认识实习</td><td rowspan="2">工程参观</td><td>1-1</td><td>各类典型建设工程的功能用途，结构形式和组成</td><td>熟悉</td></tr>
<tr><td>1-2</td><td>工程费的组成、工程计量与计价、工程造价管理过程</td><td>掌握</td></tr>
<tr><td rowspan="7">2</td><td rowspan="7">课程实习</td><td rowspan="4">工程测量</td><td>2-1</td><td>仪器使用和校验</td><td>熟悉</td></tr>
<tr><td>2-2</td><td>控制网的布设、水平角观测、距离测量、四等水准测量、碎部测量</td><td>掌握</td></tr>
<tr><td>2-3</td><td>绘制详细的地形图</td><td>掌握</td></tr>
<tr><td>2-4</td><td>地形图的应用</td><td>掌握</td></tr>
<tr><td rowspan="2">工程计量与计价（可分不同工程类别）</td><td>2-5</td><td>工程计量</td><td>掌握</td></tr>
<tr><td>2-6</td><td>工程估价</td><td>掌握</td></tr>
<tr><td>其他课程实习</td><td>2-7</td><td>各高等学校结合自身实际情况设置</td><td>熟悉</td></tr>
<tr><td>3</td><td>生产实习</td><td>工程现场实习（可分不同工程类别）</td><td>3-1</td><td>各高等学校根据自身办学特色及所需培养的综合专业能力选择实习内容。可包括：工程建设各主要环节及工程计量与计价、造价管理流程，合同构成、履行、管理等</td><td>熟悉</td></tr>
<tr><td rowspan="2">4</td><td rowspan="2">毕业实习</td><td rowspan="2">工程现场实习（可分不同专业方向）</td><td>4-1</td><td>与毕业设计（论文）课题相关的调查研究</td><td>掌握</td></tr>
<tr><td>4-2</td><td>与毕业设计（论文）课题相关的实际资料、数据、案例的搜集、整理、分析与计算</td><td>掌握</td></tr>
</table>

四、设计领域

设计是培养学生对所学专业知识综合运用能力的重要教学环节，分课程设计和毕业设计两大类型。

1. 课程设计

课程设计是针对某门课程所涵盖的专业范围进行工程设计训练的教学环节。工程造价本科专业的所有核心专业课程和重要的土木工程类技术课程均设置了课程设计实践教学环节。学生根据课程设计教学大纲、课程设计任务书和指导书的要求进行课程设计（课程设计课题每年更换），指导教师根据学生的提交课程设计作业评定成绩。所有课程设计均为独立的实践教学环节，单独计列成绩。

2. 毕业设计

毕业设计是教学过程的最后阶段采用的一种总结性的实践教学环节。通过毕业设计，学生可以综合应用所学的各种理论知识和技能，进行全面、系统、严格的技术及基本能力的练习。毕业设计不同于毕业论文，它的组成部分不只是一篇学术论文。

工程造价本科专业毕业设计选题应以在建或拟建大中型建设工程项目为背景，毕业设计内容必须涵盖：工程概预算、工程量清单计价、工程施工组织设计三方面内容，有条件的高等学校可增设投资估算、工程项目策划、工程项目经济评价、工程招投标策划、工程合同管理、工程结算与决算等方面内容。毕业设计报告格式应符合各高等学校本科毕业设计规范化方面的相关要求。因此，毕业设计的目的可以归纳为：

（1）培养学生综合运用所学知识，结合实际独立完成课题的工作能力；

（2）毕业设计使学生对某一课题做专门深入系统的研究，巩固、扩大、加深已有知识，培养综合运用已有知识独立解决问题的能力；

（3）总结检查学生在校期间的学习成果，是评定毕业成绩的重要依据。

3. 毕业论文

毕业论文是毕业生总结性的独立作业，是学生运用在校学习的基本知识和基础理论，去分析、解决一两个实际问题的实践锻炼过程，也是学生在校学习期间学习成果的综合性总结，是整个教学活动中不可缺少的重要环节。撰写毕业论文对于培养学生初步的科学研究能力，提高其综合运用所学知识分析问题、解决问题能力有着重要意义。

工程造价本科专业毕业论文选题应集中于建设工程决策分析与经济评价、工程计量与计价、工程造价控制、工程建设全过程造价管理、工程合同管理等方面，毕业论文格式应符合各高等学校本科毕业论文规范化方面的相关要求，且参考文献应不少于 15 篇，字数应不少于 8000 字。毕业论文应反映出作者能够准确地掌握所学的专业基础知识，基本学会综合运用所学知识进行科学研究的方法，对所研究的题目有一定的心得体会，论文题目的范围不宜过宽，一般选择本学科某一重要问题的一个侧面。因此，毕业论文的目的可以归纳为：

（1）培养学生综合运用、巩固与扩展所学的基础理论和专业知识，培养学生独立分析、解决实际问题能力，培养学生处理数据和信息的能力；

（2）培养学生正确的理论联系实际的工作作风，严肃认真的科学态度；

（3）培养学生进行社会调查研究，文献资料的收集、阅读和整理、使用，提出论点、综合论证、总结写作等基本技能。

根据《专业指导规范》，设计领域的实践单元和知识技能点见表 3-7。

表 3-7 设计领域的实践单元和知识技能点

序号	设计领域	实践单元	编号	知识技能点	要求
1	课程设计	混凝土结构设计	1-1	混凝土结构设计及承载力计算	熟悉
		工程计量	1-2	工程量清单编制	掌握
		工程估价	1-3	投资估算编制	掌握
			1-4	工程概算编制	掌握
		施工组织	1-5	施工组织设计文件编制	掌握
		招投标模拟	1-6	招标文件及投标文件编制	掌握
2	毕业设计	工程投标文件编制（以此为例）	2-1	相关资料的调研和搜集，相关外文资料翻译	掌握
			2-2	工程设计图纸和相关数据资料分析，工程量计算	掌握
			2-3	工程量清单及基于工程量清单计价模式的工程预算编制	掌握
			2-4	授权书，投标保函等文件的编写，工程施工合同专用条款等文件的编制	掌握
			2-5	工程施工组织设计编制，工程施工投标文件核心部分外文的翻译	掌握
			2-6	毕业设计报告撰写	掌握
3	毕业论文	结合工程造价管理实践选题	3-1	选题背景与意义；国内外研究现状及发展概况；研究内容及方法；相关外文资料翻译	了解
			3-2	利用有关理论、方法和分析工具，论述、分析、研究工程造价管理中的某一问题	掌握
			3-3	明确研究结论与展望	掌握
			3-4	毕业论文撰写	熟悉

第四节 工程造价专业主干课程简介

一、技术基础类主干课程

工程造价专业的研究对象主要是建筑产品的开发和生产。从项目投资决策、设计到施工生产无不涉及技术问题。生产要素的优化配置首先是技术的优化配置，并且是针对每个具体项目（产品）来实现的，因此管理者的技术素质是很重要的。

工程技术基础类主干课程有工程制图与识图、工程材料、工程结构、房屋建筑学、工程施工技术等课程。

1. 工程制图与识图

（1）认识课程。工程制图是研究工程图样的绘制和阅读的一门学科，无先修课程特殊要求。它以画法几何的投影理论为基础，研究用投影法解决空间几何问题，在平面上表达空间物体。工程图样是表达设计思想的主要工具，也是进行施工建造的重要依据。因此，工程图样在生产实践中起着表达和交流技术思想的作用，被认为是工程界的“技术语言”和“工程师的语言”，每个工程技术人员都必须能够熟练地绘制和阅读工程图样。

本课程的目的是通过教学使学生掌握投影法的基本理论及应用，具备对三维形状与相关位置的空间逻辑思维和形象思维能力、空间几何问题的图解能力、绘制和阅读土木建筑工程图样的初步能力和利用计算机生成图形的初步能力。

（2）学习引导。工程制图是一门专业基础学科，以直尺、圆规、图板为工具，以黑板、木模、挂图为媒介，已有200多年的历史。本课程学习时，自觉完成教材配套的《工程制图习题集》。投影理论一环扣一环，前面学习不透彻、不牢固，后面必然越学越困难，因此必须步步为营，稳扎稳打，由浅入深，循序渐进。本课程内容与学习要求见表3-8。

表3-8 “工程制图与识图”课程内容与要求

序号	课程内容	学时	要求
1	制图基本知识	2	掌握
2	投影基本知识	2	掌握
3	投影及其变换	6	熟悉
4	几何元素间的相对位置	4	掌握
5	曲线	6	了解
6	二维图形的构成及绘制	2	了解
7	曲面	2	熟悉
8	三维形体的构造及表达	10	掌握
9	轴测投影	4	熟悉
10	物体的图样表达方法	6	掌握
11	工程专业图的识图	16	掌握
12	计算机绘制工程图样	4	了解
合计		64	

2. 工程材料

（1）认识课程。建筑材料是建筑物的基本组成材料，所以材料是工程项目成本消耗最多的因素，建筑材料在整个建筑工程造价中占有的比例高达60%～70%，建筑材料价格的上涨必将造成成本造价的增多。

材料决定了建筑形式和施工方法。新材料的出现，可以促使建筑形式的变化、结构设计和施工技术的革新。其质量、性能的好坏，直接影响建筑物的质量和安全，一旦发生质量事故，补救和处理都很困难，甚至不可挽救。

（2）学习引导。本课程是学习其他相关专业课程的基础，特别是后续课程“工程计量与计价”中的“材料费用”中的基础知识，尤其是材料的种类、规格和型号。学习本课程的目的是通过教学使学生掌握工程建设活动中常用建筑材料的基本组成、技术性能、质量检验程序及方法和使用方法，掌握合理选择和正确使用建筑材料的基本方法，具备根据工程建设项目的特点、要求合理选择和正确使用建筑材料的基本能力。本课程内容与学习要求见表3-9。

表 3-9 “工程材料”课程内容与要求

序号	课 程 内 容	学 时	要 求
1	工程材料引论	1	了解
2	材料的基本性质	2	掌握
3	建筑结构材料的力学性能	1	熟悉
4	气硬性无机胶凝材料	2	熟悉
5	水泥、混凝土、建筑砂浆	10	掌握
6	墙体和屋面材料	4	掌握
7	钢材与木材	4	熟悉
8	钢筋和混凝土材料的力学性能	2	掌握
9	高分子材料	2	熟悉
10	其他材料（防水、保温隔热、吸声隔声、防火等）	4	熟悉
合 计		32	

3. 房屋建筑学

(1) 认识课程。本课程是建筑类专业的入门课，是贯串专业学习整个过程的重要课程。通过本课程教学，使学生掌握建筑设计程序、建筑设计的基本原理与基本方法、建筑构造原理和建筑各组成部分构成的基础知识，具备进行一般民用房屋建筑设计的基本能力。同时，应结合工程造价专业的特点和培养要求，将建筑设计、建筑构造的基本原理、方法及应用与建筑设计活动的经济效益和建筑可持续发展有机结合起来，培养学生从更高的层次上对建筑设计活动进行管理、控制的基本能力。

(2) 学习引导。学习房屋建筑学之后，不是要求学生能完成一个建筑设计过程，而是能够运用这些知识理解设计意图、正确地识读施工图纸，在以后工作中能胜任并完成相关的管理工作。本课程的实践环节主要是建筑施工图设计及建筑设计 CAD 技术的使用，要求在一个特定项目（民用住宅或公共建筑）初步设计的基础上，进行建筑施工图设计，包括绘制各层平面图、主要立面及侧面图和剖面图，编写设计说明。本课程的先修课程为“工程制图”和“建筑材料”；总学时数为 66 学时，其中实践环节 16 学时。本课程内容与学习要求见表 3-10。

表 3-10 “房屋建筑学”课程内容与要求

序号	课 程 内 容	学 时	要 求
1	建筑构造概论	5	了解
2	基础和地下室	6	掌握
3	墙体	5	掌握
4	楼板和楼地面	5	掌握
5	楼梯	4	掌握
6	屋顶	4	掌握
7	窗与门	3	掌握
8	工业建筑	4	熟悉
9	房屋建筑施工图的基本识读	2	掌握
10	建筑施工图	14	掌握
11	建筑装饰施工图	14	掌握
合 计		66	

4. 工程结构

（1）认识课程。本课程主要研究一般结构构件的布置原则、受力特点、构造要求、施工图表示方法等建筑结构基本概念和基本知识。

（2）学习引导。通过本课程的学习，学生了解建筑结构的基本概念和基础知识，理解常见结构构件的受力特点和构造要求，熟悉结构施工图的表示方法，掌握结构施工图的识读方法和技巧。

本课程涉及的众多构造要求是非常重要的，要充分重视对构造要求的学习，并加深理解其中的道理。本课程也是一门实践性很强的课程，学好本课程的关键，实践性环节在其中起着十分重要的作用。在理论学习的过程中，要注重联系实际，多到施工现场及预制构件厂去实习、观摩、参观，多动手、勤思考、重理解、会分析；结合施工图的识读，积累实践经验。本课程内容与学习要求见表 3-11。

表 3-11 “工程结构”课程内容与要求

序号	课 程 内 容	学 时	要 求
1	混凝土结构的基本设计原则	2	熟悉
2	轴心受力构件的承载力计算	2	了解
3	受弯构件承载力	4	了解
4	偏心受力构件承载力	4	了解
5	混凝土构件变形及裂缝宽度验算	4	熟悉
6	预应力混凝土构件	2	熟悉
7	梁板结构设计	2	熟悉
8	单层厂房结构设计	4	熟悉
9	混凝土多高层房屋结构设计	4	掌握
10	砌体结构设计	4	熟悉
合 计		32	

5. 工程施工技术

（1）认识课程。本课程以一般工业与民用建筑工程为主要研究对象，以桥隧工程、路面与轨道工程等市政工程为次要研究对象，研究其施工工艺、技术和方法。

（2）学习引导。本课程的学习目的是使学生掌握施工工艺过程及其人工、材料、机械等的合理利用和消耗，并为后续课程“施工组织”“工程定额原理”“工程计量与计价”打下良好的基础。本课程内容与学习要求见表 3-12。

表 3-12 “工程施工技术”课程内容与要求

序号	课 程 内 容	学 时	要 求
1	土石方工程	6	掌握
2	基础工程	6	掌握
3	混凝土结构工程	14	了解
4	砌筑工程	3	掌握
5	结构安装工程	5	熟悉

续表

序号	课 程 内 容	学 时	要 求
6	建筑结构与装饰工程	6	掌握
7	防水工程	2	掌握
8	桥隧工程	3	了解
9	路面与轨道工程	3	熟悉
合　计		48	

二、经济类主干课程

经济类主干课程主要有工程经济学和建设项目经济评价。学生通过经济类的课程学习，可以使学生对工程造价所需的经济学知识有较为全面的、深入的认识和了解，能够利用所学的经济学知识和技术方法分析、处理工程造价中的问题。

1. 工程经济学

(1) 认识课程。工程经济学是工程学和经济学的交叉学科，是利用经济学的理论和方法，研究如何有效利用资源，提高经济效益，使生产和建设活动中技术因素和经济因素实现最佳结合。

(2) 学习引导。本课程的目的是通过教学使学生了解工程技术与经济效果之间的关系，熟悉工程技术方案选优的基本过程，全面掌握工程经济的基本原理和方法，具备进行工程经济分析的基本能力。先修课程为“经济学”“工程施工技术”“工程材料”“工程财务与会计”。本课程内容与学习要求见表 3-13。

表 3-13　“工程经济学”课程内容与要求

序号	课 程 内 容	学 时	要 求
1	工程经济学引论	2	熟悉
2	现金流量与资金等值计算	6	掌握
3	资金筹措与资金成本	4	熟悉
4	工程技术方案经济效果评价方法	8	掌握
5	不确定性及风险分析	6	熟悉
6	工程项目可行性研究	4	掌握
7	工程项目财务评价	8	掌握
8	工程项目国民经济评价	4	了解
9	设备更新分析	2	了解
10	价值工程	4	熟悉
合　计		48	

2. 建设项目经济评价

(1) 认识课程。建设项目经济评价是可行性研究的重要组成部分，其主要作用是在预测、选址、技术方案等项研究的基础上，对项目投入产出的各种经济因素进行调查研究，通过多项指标的计算，对项目的经济合理性、财务可行性及抗风险能力做出全面的分析与评价，为项目决策提供主要依据。

（2）学习引导。本课程理论性、综合性较强，学习时多结合案例理解。本课程内容与学习要求见表 3-14。

表 3-14 “建设项目经济评价”课程内容与要求

序号	课程内容	学时	要求
1	经济评价内容和方法	2	掌握
2	财务评价	8	掌握
3	国民经济评价	2	熟悉
4	区域经济与宏观经济评价	2	掌握
5	建设项目分析	2	熟悉
合计		16	

三、管理类主干课程

管理类主干课程主要有工程项目管理和工程造价管理。通过管理类的课程教学，可以使学生对工程造价管理所需的知识有较为全面、深入的认识和了解，能够利用所学的造价管理方法和措施分析、处理工程造价中的实际问题。

1. 工程项目管理

（1）认识课程。本课程是讲述如何对建筑工程项目施工全过程实施科学有效的管理、研究建筑工程项目管理一般方法和规律的一门综合性学科。

（2）学习引导。本课程的目的是通过教学使学生在学习技术、经济、管理等相关专业基础课程的基础上，掌握工程项目管理的基本理论和工程项目投资控制、进度控制、质量控制的基本方法，熟悉各种具体管理方法在工程项目上的应用特点，培养学生有效从事工程项目管理的基本能力。本课程是实践性很强的专业课，学习本课程应先修课程“工程施工技术”和“施工组织”方能进行。本课程内容与学习要求见表 3-15。

表 3-15 “工程项目管理”课程内容与要求

序号	课程内容	学时	要求
1	工程项目管理引论	4	掌握
2	工程项目组织管理	4	熟悉
3	工程项目实施模式	2	熟悉
4	工程项目费用控制	4	掌握
5	工程项目进度控制	6	掌握
6	工程项目质量控制	6	掌握
7	工程项目风险管理	4	了解
8	工程项目信息管理	2	了解
合计		32	

2. 工程造价管理

（1）认识课程。本课程是讲述工程造价管理的理论和方法，可以为将来在工程造价工作岗位上较好地完成工程造价管理工作打下基础。

（2）学习引导。本课程学习时掌握投资估算和设计概算的编审方法，多结合工程造价案例分析进行讨论，训练工程造价管理的思维。本课程内容与学习要求见表3-16。

表3-16　“工程造价管理”课程内容与要求

序号	课程内容	学时	要求
1	工程造价管理概述	2	了解
2	建设工程决策阶段的造价管理	4	熟悉
3	建设工程设计阶段的造价管理	4	熟悉
4	建设工程交易阶段的造价管理	4	掌握
5	建设工程施工阶段的造价管理	6	熟悉
6	建设工程竣工验收与决算阶段的造价管理	2	熟悉
7	工程造价审计	2	掌握
8	工程造价资料管理	2	掌握
9	工程造价风险分析与管理	6	了解
合计		32	

四、法律类主干课程

法律类主干课程由建设法规和工程招投标与合同管理两门课程组成。学习本课程可以为工程造价人员在工作业务过程中正确处理相关的法律法规问题提供帮助。

1. 建设法规

（1）认识课程。建设法规是由国家立法机关或其授权的行政机关制定的，旨在调整国家及其有关机构、企事业单位、社会团体、公民之间在建设活动中或建设行政管理活动中发生的各种社会关系的法律、法规的统称。建设法规的调整对象，是在建设活动中所发生的各种社会关系。它包括建设活动中所发生的行政管理关系、经济协作关系及其相关的民事关系。

（2）学习引导。本课程的目的是通过教学使学生掌握建设法律、法规基本知识，培养学生的工程建设法律意识，使学生具备运用所学建设法律、法规基本知识解决工程建设中相关法律问题的基本能力。以重点学习《建筑法》《招标投标法》《招标投标法实施条例》《安全生产管理条例》《质量管理条例》为核心，了解《民法》《合同法》等相关知识，将来也是建造师、造价工程师等国家执业资格考试内容。本课程内容与学习要求见表3-17。

表3-17　“建设法规”课程内容与要求

序号	课程内容	学时	要求
1	建设法规引论	2	熟悉
2	城乡规划法	3	了解
3	土地管理法规	2	了解
4	工程咨询法律制度	3	掌握
5	建筑法律制度	4	掌握
6	建筑市场准入制度	3	熟悉
7	建设工程招投标法律制度	4	掌握
8	建设工程质量管理法规	2	掌握
9	城市房地产管理法规	4	了解
10	市政工程建设法规及工程建设其他法规	3	熟悉
11	环境与建筑节能法规	2	熟悉
合计		32	

2. 工程招投标与合同管理

(1) 认识课程。本课程是结合建设工程招标、建设工程投标、合同法、施工合同、施工索赔与反索赔等领域的一门综合性很强的课程。本课程是以造价工程师的执业资格能力的培养，基于建筑市场中招标投标活动与建设工程施工合同综合应用为载体构建的课程。

(2) 学习引导。学习时以工学结合、理论与案例相互对应为原则。重点学习招标文件和施工合同，可以结合住房和城乡建设部《房屋建筑和市政工程标准施工招标资格预审文件》(2010年版)、《房屋建筑和市政工程标准施工招标文件》(2010年版)、《标准设计施工总承包招标文件》(2012年版)、《简明标准施工招标文件》(2012年版)、《建设工程施工合同(示范文本)》(GF—2013～0201) 等国家示范文本进行学习。通过本课程学习，具备草拟施工招标文件和施工合同，依法签订合同、审查合同和正确履行合同的基本能力。本课程内容与学习要求见表3-18。

表3-18 "工程招投标与合同管理"课程内容与要求

序号	课程内容	学时	要求
1	工程招投标概述	2	熟悉
2	工程勘察设计招标与投标	4	熟悉
3	工程监理招标与投标	4	熟悉
4	国内工程施工招标与投标	6	掌握
5	国际工程招标与投标	4	了解
6	工程材料、设备采购招标与投标	4	掌握
7	工程合同管理概述	10	熟悉
8	工程勘察设计合同管理	2	了解
9	工程监理合同管理	2	熟悉
10	工程施工合同管理	6	掌握
11	工程物资采购合同管理	2	熟悉
12	工程分包合同管理	2	掌握
合计		48	

五、造价技术类主干课程

造价技术类主干课程由工程定额原理、工程计量与计价、工程计量与计价软件、工程造价案例分析等组成。造价技术类课程是工程造价专业的核心专业技能，也是从事基础就业岗位需要学习的专业课程。

1. 工程定额原理

(1) 认识课程。本课程把建筑安装工程产品的生产成果与生产消耗之间的定额量关系作为研究对象，以建筑安装定额原理为研究内容，合理地确定完成单位建筑产品的消耗数量的标准，从而达到合理地确定建筑产品价格的目的。

(2) 学习引导。本课程以工程定额原理为主线，主要学习施工过程和工作时间研究、工程定额的制定方法、施工定额、预算定额、概算定额和概算指标、企业定额、费用定额、投资估算指标与建设工程定额等内容。教学时，可以通过典型工程实例引导学生掌握工程定额相关的原理和方法，为后续课程"工程计量与计价"奠定基础。本课程内容与学习要求见表 3-19。

表 3-19 "工程定额原理"课程内容与要求

序号	课程内容	学时	要求
1	工程定额概论	5	熟悉
2	施工定额	6	掌握
3	预算定额	6	掌握
4	概算定额和概算指标	5	掌握
5	建筑安装工程费用定额	2	掌握
合计		24	

2. 工程计量与计价

（1）认识课程。本课程是工程造价专业的一门重要专业课程。本课程着重研究建筑产品的生产成果与生产消耗之间的定量关系，是研究如何合理地确定工程造价的一门综合性、实践性较强的应用型课程。本课程的主要任务是分章节学习工程量计算规则的应用和工程造价计价的原理和方法。

（2）学习引导。本课程的学习内容具有很强的专业性、地区性和政策性，任课老师最好是"双师型"教师。通过本课程的教学，要求学生能达到参考相关资料完成一套简单的施工图工程量清单的编制，并会进行投标报价。学习时，需结合本地区计价定额及相关规定、配套文件等进行计价，并做大量工程量的计算练习，多练和不断实践。本课程内容与学习要求见表 3-20。

表 3-20 "工程计量与计价"课程内容与要求

序号	课程内容	学时	要求
1	工程费用构成与计算	4	熟悉
2	工程概预算	4	熟悉
3	建设工程量清单计价规范	3	掌握
4	工程量清单的编制与计价	6	掌握
5	建筑面积计算规范	3	掌握
6	工程量清单计算规范	8	掌握
7	建筑工程预算工程量计算规则	4	掌握
8	招投标阶段的工程估价	4	掌握
9	合同价款的确定与调整	6	掌握
10	建设工程结算	6	掌握
合计		48	

3. 工程计量与计价软件

（1）认识课程。国内广泛应用的工程计量与计价软件有北京广联达软件、中科院 PKPM 软件、清华斯维尔软件等。工程造价专业的预算软件现在全国各地用的不太一样，在深圳地区斯维尔比较常用，其他的地区用广联达、鲁班软件等。这些软件包括了预算套价软件、工程量计算软件、钢筋软件等三大方面。

（2）学习引导。建筑信息模型（Building Information Modeling，BIM）三维算量算量软件是发展的趋势，BIM 三维算量 For Revit 是运行于 Revit 平台之上，完美兼容 Revit 平台的算量软件。它基于 Revit 开发，直接利用 Revit 设计模型，根据中国国标清单规范和全国各地定额工程量计算规则，直接在 Revit 平台上完成工程量计算分析，快速输出计算结果，计算结果可供计价软件直接使用，软件能同时输出清单、定额、实物量。BIM 软件还提供了按时间进度统计工程量功能。它的面世必将开启 BIM 算量应用的新篇章。在学习时建议选取两种软件进行对比学习，可以掌握各软件的优点和缺点，同时也为将来就业有些用人单位要求会多种预算软件打下基础。软件课程学习时只有采用实际工程图纸多加练习和实践，才能熟能生巧。本课程内容与学习要求见表 3-21。

表 3-21　“工程计量与计价软件”课程内容与要求

序号	课 程 内 容	学 时	要 求
1	工程计量软件	18	掌握
2	工程计价软件	6	掌握
合 计		24	

4. 工程造价案例分析

（1）认识课程。本课程主要包括建设项目财务评价、工程设计及施工方案技术经济分析、建设工程定额、工程量清单、工程量清单计价、建筑工程概预算及投资估算、建设工程施工招标与投标、建设工程合同管理与工程索赔、工程价款结算等方面的案例分析。本课程也是造价工程师执业资格考试四门课程之一，也是考试通过率最低的一门课程。

（2）学习引导。本课程全部是案例，学习时，多加分析案例背景，找出涉及的知识点，学会融会贯通。可以结合历年造价工程师考试真题进行作业训练。本课程内容与学习要求见表 3-22。

表 3-22　“工程造价案例分析”课程内容与要求

序号	课 程 内 容	学 时	要 求
1	投资估算案例分析	4	熟悉
2	设计概算案例分析	5	熟悉
3	工程量清单和招标控制价案例分析	4	掌握
4	投标报价案例分析	3	掌握
5	竣工结算案例分析	6	掌握
6	竣工决算案例分析	2	了解
合 计		24	

阅读材料

工程造价专业在大学必须学好的课程有哪些？

一、典型网友回答摘录

【网友一】：当然学全了最好！不知道你在挑剔什么。还是谈一点建议吧。

一般如实务类的，参加工作或者实习的时候学也行，实际上在校期间也没办法学，毕竟以后接触的专业差别很大（实际上大学课程也只有最基本的施工技术，这点各专业通用）。但是如金融、工程经济、项目融资、财务会计、法律基础之类的，还是在校期间学比较好。因为造价这一行，工作了基本上接触不到这类学问的老师（更多的是造价实务的老师），而在校期间的理论基础，尤其是法律和合同管理，以后会帮助理解很多事情。

造价是综合性很强的行业，想成为行家，大学的课程只是最初的起点。

【网友二】：提问的网友是不是想偷个懒，面对造价专业中工程上、财务上、管理上的各种各样课程，想要问重点关注哪几个呢？如果是这样，用上造价专业所有的课程就有点儿不对题目了。我毕业还不到 3 年，面对各个有经验的老手下依然是小青年一枚。我仅以青年的角度来回答您的问题。希望可以为您提供帮助。

身为工程造价人员，不管你从事甲方（房地产行业）、乙方（建筑施工单位），还是咨询管理公司，必须具备一项技能——会看图纸。这点其他人也有说。如果看不懂图纸，就相当于你想拍照，但是却没有相机；你想炒菜，却没有锅；你想吃饭，却没有筷子……无论如何，毕业之前，搞定识图。

现在从事造价工作，基本都是运用预算软件了。我所了解的各个学校的这个专业参差不齐，有的在学校很少有这类软件实战课程。在现有课程中，《建筑工程施工技术》的重要性也不容小觑。工程从基础，到屋面，一步步都是怎么施工的，最后都要对应到相应定额上，这也就是为什么那么多老手推荐新人多去工地的原因。《建筑工程计量与计价》等专业课，一定要认真学。工程合同、法律法规类的，对于一个非学霸而言，以后再补也不是不可以。财务类、管理类的，懂点儿就 OK，以后需要可以补。（我知道我这么说要挨拍砖了。）楼主刚毕业，就是个什么都不懂的“傻缺”，但我发现，身边同毕业的小伙伴也是半斤八两而已，你所学的，到了企业里都是皮毛。

【网友三】：大多数回答不接地气。

一是看懂施工图，二是会手算工程量，三是报个算量套价的软件班。毕业生找个好工作没任何问题了。什么工程力学，搞造价的基本都不会那玩意。

二、优秀毕业生工作（3～5 年）后调查回答

【毕业生一】：技术方面：CAD、工程软件、定额及清单规范、办公软件；管理方面：管理学、会计学、施工管理；经济方面：西方经济学、工程经济学；法律方面：合同法、招投标法、建筑法及相关条例；其他方面：驾驶证、打印装订、网络、计算机维护；做人方面：就不说了，但比其他方面都重要。

【毕业生二】：《土木工程概论》《建设法规》《建筑结构识图》《建筑工程施工技术》《工程招投标与合同管理》《平法 11G101》《建设工程工程量清单计价规范》（GB 50500—2013）、《重庆市建筑工程计价定额》（CQJZDE—2008）。

【毕业生三】：《工程经济学》《土木工程概论》《建筑制图》《建筑识图》《施工组织与设计》《工程招投标与合同管理》《项目管理》《工程造价管理》《工程估价》《建筑法律法规》《施工管理》《房屋建筑学等》。

三、点评

其实大学里面开设的课程是一个系统工程，每一门课程都有它的作用和教育目的，其实每一门课程都很重要，无论是前面的网友回答还是工作 3～5 年后的优秀毕业生回答，都是

从他们目前所处的工作阶段来回答的。因为毕业后参加工作的前几年，主要从事专业技术实际操作层面的工作，所使用的主要是识图、建模、算量、计价等方面的知识。从第四章阅读材料《造价人生的九重境界》中你会发现，所处的境界越高，需要的管理方面的知识越多。所以，要想成长为一名优秀的造价工程师，需要学好每一门课程。

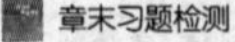

思考题

扫描二维码，查看分享内容

1. 请简要回答工程造价专业的知识体系。

2. 工程造价专业本科教学课程体系是什么？其实践性教学环节又有哪些？

3. 简述毕业实习和毕业设计的目的和意义。

4. 谈谈你对主干课程的认识。自己对哪几门主干课程感兴趣，为什么？

第四章　工程造价专业学习指导

第一节　大学的教学特点

一、高等学校的教学特点

高等学校教学作为一种传递高深知识、培养高级专门人才的教学活动，除了具有一般教学过程的共同特点和必须遵循的共同规律外，又具有不同于一般教学过程的特点。一般来说，对于高等学校教学过程特征的基本含义，包括以下一些内容。

1. 高等学校教学目标是培养具有专业知识技能的高素质人才

高等学校教学是建立在普通教育基础上的专业性教育，以培养各种高级专门人才为目标，这就决定了高等学校教学中的一个基本特点——专业性。高等学校的教学计划是针对专业培养目标来制定的。课程设置、教学活动都围绕着培养一定的专门人才的需要来组织，并按照专业的方向，建立合理的知识结构和智能结构，使大学生能掌握专业知识和技能并顺利过渡到社会的独立工作，满足社会对各种各样专门人才的需求。

高等学校自产生以来就按专业培养人才，中世纪高等学校在很大程度上是职业性学校，它们训练学生掌握一定的知识，为以后从事法律、医学、教学这些世俗专业所用。高等学校的这种简单专业分化教学维持了很长时间，并且高等教育是少数人的特权。在历史上高等学校曾一度追求理性的自由教育。按自由教育的倡导者纽曼所言，自由教育本身仅仅是发展理智，它的目标就是获得杰出的理智。自由教育成为高等学校的显著特征及追求目标。但是随着工业化的实现和劳动分工的加速发展，专业的分化也日益加速，高等学校从根本上动摇了自由教育只为少数有闲阶级服务的观念。高等教育已经开始向社会中心移动，开始通过积极参与广泛的社会活动来确立自己的合法地位。高等学校教育中新的“专才”开始取代以往的“通才”。在迅速发展的物理学和生物学的率领下，学术界的专业发展日新月异。这些专业同时变得越来越狭窄，内部有序性越来越突出，并且要求有特定的培训渠道和较长的培训时间。学生开始通过满足政府部门和企业专业化人才需要来寻求经济成功和生活保障。今天仅仅征服知识领域的一个方面就需要耗费我们全部的精力，更不必说征服整个知识领域了，培养亚里士多德式的全才已是不可能的了。虽然专业教学培养专门人才已是高等学校教学的主导，但是出于整个人的教育和高等学校引导社会发展的功能，高等学校教学必然实行专业教育和通识教育的结合。

2. 高等学校教学内容具有前沿性和职业倾向性

学术是高等学校的逻辑起点，对知识的传递、批判和探索是高等学校永恒的主题。高等学校的这一特性就要求高等学校教学内容具有前沿性和职业倾向性。

教学内容的前沿性要求高等学校的教学不仅要向学生传授已经有定论的科学知识和专业知识，而且还要向学生介绍最新的科学成就，各种学术流派和学术观点及各学科需要进一步研究和探讨的问题。这样才有助于启发大学生积极思考，走近学科前沿，深入某个学科领域，培养其创新和探索精神。目前我国高等学校应提倡除旧布新，对教学中存在着的陈旧老化现象、严重滞后于科学发展的内容，及时甄别，积极替换。如果在高等学校教学中仍然坚持使用一种低水平的解释模式与表达模式，显然既不能带动学生思维水平的提高，又迫使学生负担许多过时的知识，造成学生知识的超载。所以新一轮的高等学校教学改革要求出版一批能反映最新学科成就的教科书，甚至可以采用国外的原版教科书，从一个方面回应了高等学校教学内容应具有前沿性的要求。

高等学校教学内容的职业性主要体现在专业人才的培养上，高等学校专业人才的培养是与社会职业相对应的。高等学校通过教学使人们成为医生、律师、法官、工程师、工程管理者和教师等，在社会中从事各种专门职业，这也是大学生对高等学校教学内容具有职业倾向性的必然要求，同时更是社会对高等学校具有社会服务职能的要求，以满足社会对各种各类专业人才的需求为目的。同时，高等学校教学内容具有职业倾向性还体现在能创造新职业，因为新职业往往随着新知识的产生而出现，高等学校依靠自身的知识优势，将新知识迅速转化为新产品，从而形成新职业。

3. 高等学校教学与科研紧密结合

教学与科研之间存在着内在的联系。尽管在高等学校中教学与科研时有冲突，但就一般而言，高等学校教学与培养学生科研能力紧密相连。科研不仅是高等学校为社会服务的主要形式，而且是培养新型人才、提高师资水平、推动专业发展的重要手段。教学可使科研的成果得到进一步传播和证实，教师在教学中所掌握的基础理论和学生活跃的思想有利于科研工作的发展。

高等学校教学与科研紧密结合主要表现在教师身上，教师既是教育者又是研究者。高等学校教师是研究者还是学者，这是由高等学校高深文化、高深学问的性质决定的。高深学问具有前沿性、深奥性、创新性，只有研究，才能发展科学创新知识。科学研究就是根据已有的知识基础，探究未知的事物，从而获得新的知识和理论的过程。高等学校教师的研究与中小学教师的研究的区别就在于中小学教师研究的对象主要是教育实践，是关于教学的研究，解决怎样教才是最好的教的问题。高等学校教师的研究则不仅限于教学研究，其主要目的在于开拓科学新领域，增加人类科学知识，发展学科，推动科学文化与科学技术的发展。对此很多科学家与教育家做过精辟的论述。如雅斯贝尔斯说：“最好的研究者才是最优良的教师，只有这样的研究者才能带领人们接触真正的求知过程，乃至于科学的精神，只有他才是活学问的本身，跟他来往之后，科学的本来面目才将得以呈现。通过他的循循善诱，在学生心中引发同样的动机。只有自己从事研究的人才有知识传授给别人。”钱伟长在谈到高等学校教师和科研相结合时说：“你不上课，就不是老师；你不搞科研，就不是好老师。”教学是必要的要求，不是充分的要求，充分的要求是科研。科研反映你对本学科清楚不清楚。教学没有科研做底子，就是一个没有观点的教育，没有灵魂的教育。

4. 高等学校师生在教学关系上具有相对独立性

大学生不像中学生那样以接受学习为主，在高等学校里，学生要学会自己去探索知识、发现知识。大学生对教师依赖已大大减少，自我管理、自我选择发展方向的能力增强，学习的自觉性、独立性已大为提高。所谓的独立性是指学生在教师的引导下，通过自己的独立思考获得知识，并用所学知识去分析问题和解决问题。教师通过传授知识教会学生学习，掌握学习方法。因此不能把学生学习的相对独立性理解为不要教师指导。

在高等学校教学中学生具有相对的独立性和自主性表现在以下几方面。

第一，大学生的身心日臻成熟，学生的自我意识和反省水平不断提高。从生理发展来看，大学生正处在生理机能和神经系统发育成熟的最佳期，体魄健壮，精力旺盛，具有从事独立学习、承担学习任务的身体素质。从心理发展来看，各种个性心理品质逐渐趋向成熟。学生的抽象逻辑思维得到发展，辩证逻辑思维趋向成熟，使大学生思维的独立性、全面性、深刻性与批判性都有较大的发展。这些心理发展因素，导致大学生在学习过程中，既不盲从又能独立自主地进行学习。

第二，高等学校的教学形式与方法促进了大学生学习自主性的发展。在大学生的整个学习期间，除课堂讲授以外，自学、讨论、实习、实验、社会实践、毕业论文占据相当大的比重。这些活动，促使大学生养成独立的学习能力与习惯。同时，高等学校各门学科的教学内容，尤其在深度与广度上都大大超过中学。这样教师在教学中只是突出重点，讲解难点及解决问题的思路、方法，有些教学内容要求学生自己去查阅参考资料，通过自学和独立思考，去分析问题和解决问题。

第三，大学生学习的自主性是社会发展的客观要求。高等学校阶段，是学生从学校到工作岗位的过渡时期，这就要求着重培养学生独立的学习和工作能力，以便为走向社会做好充分准备。无论学校的教学大纲编得多么完善，学生在毕业后依然会遇到他们所不熟悉的知识，那时候他们将不得不独立地、迅速地弄懂这些新东西并掌握它们。只有具有较高发展水平及独立学习能力的人，才能更好地应付这种情况，这也说明培养学生的独立的学习能力是社会发展的客观要求。

在高等学校教学之中，师生关系更多地表现为一种社会的人际关系，教师和学生之间的空间联系远不如中学那样紧密，因为大学生已是成人了，是一个具备承担民事责任能力的社会公民，因而师生关系相对比较独立。

5. 高等学校教学与实践的联系更为紧密

高等学校教学过程不仅要传授系统知识、技能与技巧，而且还要培养学生应用知识的能力，即要将抽象的专业理论知识具体化，培养学生从事实践活动的意识、态度与方法。

高等学校教学与实践的联系更为紧密。高等学校教学与实践的关系，与普通中小学相比较，已大为不同。从实践活动的水平来说，普通中小学教学中也强调理论联系实际，但它一般是简化了的“实际”，其目的只是传授前人已经获得的知识，或者是验证已知，重复科学发展中的某些重要实验，这种理论联系实际的做法，虽然在高等学校教学过程中仍然采用，但已远远超过这种水平。在高等学校教学中，除课堂实验、习题练习之外，还有由学生自己命题、自己设计的实验。有由自己提出课题，从事毕业论文或设计的活动。从实践活动的方式来说，高等学校教学过程中，高等学校教学的实践环节可以说是范围广泛、形式多样，如实验实习、社会调查、知识咨询、科技服务、课程设计、毕业论文、公益劳动及军事训练，等等。大学生的这些实践活动具有综合的教育功能，其根本目的是通过这些实践活动促进学生提高思想觉悟，增强社会责任感，开拓知识视野，增长实际才干。

事实上“知识和学术只有在不断地运用中才能重构重生，而运用得越多，产生知识的机会也就越大；运用的程度越深，产生高级知识的机会也就越大”。我们过去较多地关注的是原理性知识和理论性知识，然而它们要通过应用、实践转化成技术性知识和应用知识，才能转化成为现实生产力。也就是说学术在运用中不断地转化为现实生产力，同时知识的应用又不断地催生出新的知识和新的学问，从而形成一种正向的关系。现代高等学校教学越来越强调实践能力的培养，而不仅仅是对传统专业知识的掌握。现代高等学校教学改革的一个重要目标就是确立一种新的学习方式，使学生在主动的双向的、探索的、研讨的过程中成为学习的主人，从而提高自学能力、研究能力、创新能力。而这种基于学习方式的转变比以往任何时候都更为强调实践对于高等学校教学的价值和意义。“世界经济合作组织”提出，在知识经济中边干边学是最重要的，博伊尔在其重建美国研究型大学本科教育的方案中，认为通过教研人员和学生共同参与研究活动才能有效地促进教学，所以他把这种“以研究为本”的合作性学习、团队学习作为改革本科教育的第一个有效途径。美国麻省理工学院的创始人罗杰斯认为，培养学生专业能力的最有效途径，是教学、研究与关注真实世界的问题相结合。

二、高等学校教学方式的特点

高等学校教学方法是教学主体在教学过程中为实现一定的教学目标，完成教学任务采用的教与学的技术、技巧、程序、策略或方法的总和。从系统论的角度考察，教学活动是处于一定环境之中的系统，教学目的、教学主体、教学方法、教学内容是系统最基本的组成要素。其中教学方法在高等教学过程中具有重要的地位，是教学活动系统的重要组成要素。

首先，教学方法是为教学目的服务的。教学活动是人类有目的有意识的活动，因此实现一定的教学目的是教学系统应有的功能。换句话说，教学系统的功能以及它本身的存在价值，都在于实现教学目的。教学方法是教学系统实现其教学目的的手段和途径，教学方法的地位和作用一切都依赖于它能否有效地促使教学目的达到。其次，教学主体既是教学活动的发起者，又是教学目的实现者和实现教学目的体现者，他们在教学系统中占据极其重要的地位。教学方法的选用要认真考虑教学主体自身的条件和个体发展的特点。同时，也要求教学主体必须具有一定的方法素养，才能更有效地完成教学任务，达到教学目的。最后，教学方法是技术、技巧、程序、策略的综合，必须有教学内容作为它的载体。也就是说，脱离教学内容的教学方法是没有生命力的，它或许在有关教学方法的理论研究和讨论上有一些意义，但对具体的教学实践没有作用。因此，教学方法只有与教学内容有机结合才有它的价值和意义。

因此，高等学校的教学方法应该适应和体现高等学校教学活动的特点。高等学校教学方法有什么样的特点呢?

第一，强调学生自学能力培养。这是由高等学校的培养目标所决定的。高等学校旨在培养高级专门人才，同学们应当不仅具有广博的知识，而且具有独立思考和解决问题的能力。因此，以自学能力培养为目标的独立学习方法和以培养专门技能为主的实验教学法等在高等学校教学中的重要作用得以突显出来，为高等学校所常用。

第二，重视学生研究能力培养。这是由高等学校教学内容的前沿性和不定性所决定的。高等学校教学内容既包括确定的、已有定论的学科知识，也包括未有定论、不确定的学科知识。这类知识的教学应该以研究者的态度，研究者的精神客观地介绍给学生，也需要同学们以研究者的身份去考察、质疑、分析和研究它们属于真理还是谬误。因此，无论是教师的教学方法还是学生的学习方法都渗透着研究特点。

第三，注重学生实践能力的培养。高等学校是培养专业人才，要求学生在学习过程中或毕业后要对外部真实世界做出贡献，能为未来的职业生涯奠定良好的基础。因此，在教学方法中特别强调学生实践能力的培养。在美国有“服务学习”课程，强调学校和社区的合作；学术课程与社区服务的综合；应用技术和知识的机会与养成关心他人美德的结合。这些实践能力主要是指解决实际问题能力与社会适应能力。

第四，倡导学生合作精神的培养。竞争和合作是社会生活中每个人都必须面对的问题。尽管在中小学教育中也一直十分强调培养学生的竞争意识和合作态度，但是高等学校的教学更需要强调合作，因为现代知识的发现和生产越来越需要各方面的专业人才携手合作，越来越多的世界性难题需要各种各样的专家共同解决。高等学校作为创造新知识的主要场所尤其需要在教学过程中强调合作，以培养学生的合作精神。

第五，强调创新精神的培养。在现代信息社会与知识经济时代，创新在国家发展与经济建设中发挥着巨大作用。创新是民族进步的灵魂，是经济发展的不竭动力。高等学校教学要关注学生创新精神的养成，高等学校本身也是一个知识创新的机构。

三、大学的主要教学形式

高等学校教学组织方式有多种类型。课堂教学是教学的基本组织形式，此外课外活动、社团活动、社会实践都是高等学校教学组织的重要形式，俱乐部、沙龙等教学组织形式则反映了高等学校教学组织形式的特殊性。

1. 课堂教学

课堂教学，在目前仍是我国高等学校教学过程中的一个主要的、基本的教学组织形式。在学年制下，一般课堂教学都以班级为单位；而在学分制下，课堂教学则以课程为单元进行区分。课堂教学这一组织形式具有以下优点：提高教学效率，增强教学的计划性，有利于培养学生的集体精神。但课堂教学也有其缺陷，一是不利于因材施教，二是不利于理论与实际的结合。因此，课堂教学只是教学的基本组织形式，而不是唯一的组织形式，必须依靠其他的教学组织形式来弥补课堂教学的不足。

2. 现场教学

现场教学是在社会实践中进行教学活动的组织形式。现场教学与课堂教学不同，它是把理论知识所揭示的研究对象的发生、发展、运动、变化，按其本来面目显示给学生，并且使学生置身于社会活动、生产过程中，在实践中学习。现场教学是根据教育目的、教学计划和大纲精心组织的教学活动。现场教学通常有参观、调查、实习（教育实习、生产实习）等形式。

（1）参观。参观是根据教学目的，有计划地组织学生对实际事物直接地观察研究，使理论联系实际的一种教学形式和方法。学生亲临现场对事物进行观察，反映到学生大脑中去的客观事物由于直观、形象，因而容易理解教材中的抽象理论。往往在参观中，经过教师的指点，可以产生豁然洞开的良好效果，也容易激发学生的学习兴趣，深化所学和理论知识。

（2）调查。调查是高等学校理论联系实际的重要教学组织形式。通过调查活动，学生不仅可以获得丰富的感性知识，而且可以验证所学的知识，创造性地综合运用所学的理论知识，整理资料，分析问题，做出结论，从而加深对理论的理解。此外，在调查中可能会有新的发现，这又会进一步丰富自己在课堂教学中所学到的知识。

（3）实习。实习是指教师组织学生在工厂、实习园地及其他现场从事一定的实际工作，以获得有关的实际知识和技能，巩固已学过的知识，学会运用知识解决实际问题和独立完成规定的工作。同时，在现场实习中也能培养学生的劳动观点。实习分为教学实习和生产实习两种。教学实习也称课程实习，是指在课程学习中，根据教学大纲的要求，必须组织学生在校内外的实习场地进行实际操作，以巩固所学的理论知识和获得一定的技能技巧；生产实习是指高等学校的学生在学习了相对系统的专业知识之后，在有关单位或场所，综合运用所学的专业知识直接参加生产或工作。

3. 科研训练

大学生科研能力的培养一般是通过平时的科研训练和学年论文、毕业论文（设计）等形式来进行的。

平时的科研训练主要通过课内与课外两种途径进行，以课外为主。学生课外的科研训练主要有下列形式：一是听取校内外专家的学术报告；二是参加校内或校际的学术讨论活动；三是参加学生社团或研究会的学术研究活动、科研大赛活动等；四是根据自己的兴趣爱好，独立进行研究活动；五是参加教师的课题研究之中，承担一定的科研任务。

学年论文是在教师指导下，学生运用一门或几门课程相关的知识，一般在二三学年一定的时期，独立地解决一些与课程、专业相关的问题，是介于平时科研训练与毕业论文（设计）之间的中间环节，旨在培养学生综合运用已学课程的知识解决理论问题与实际问题的能力，使学生得到撰写论文、独立设计的初步训练。

毕业论文（设计）是带有总结性的集中的科研训练，是在系统掌握专业知识与技术及平时科研训练的基础上，按照规范化的研究程序与方法所进行的科研活动。它既是一种水平较高的研究性学习，又是正式进入研究领域的开始，是为学生未来独立工作所进行的直接和最后的准备。

4. 教学沙龙、午后茶、俱乐部等

教学沙龙作为教学组织辅助形式在国外高等学校教学中比较盛行，在国内的研究生教学中也较常见。教学沙龙可以提供这样一种制度化的文化环境：在这里，追求知识的人聚集在一起，可以相互交流，并在不断的交流中磨砺自己的思想，从而保持独立思考和自主研究的精神和氛围。沙龙、咖啡馆，或许还有俱乐部和中国的茶座，以及闭路电视、互联网上的高等学校 BBS 版块与聊天室等，都可以成为高等学校教学组织的辅助形式。这种教学组织辅助形式可根据学科分类，如文学沙龙、哲学沙龙、教育沙龙等；可根据社会问题分类，如环境问题咖啡馆、人口问题咖啡馆、心理问题咖啡馆、家庭问题咖啡馆等；还可根据所从事的课题、研究的具体内容来分类；亦有“与名人对话茶座”“企业界名流沙龙”等，形式不拘，多种多样。有的还可预告某日或一段时间内讨论的主题，让大家对自己感兴趣的话题能心中有数，积极参与。这种组织既可以设置在高等学校校园内，以增强高等学校的研讨和学术氛围；也可以设立在高等学校附近的社区，从整体上形成“文化街市”；还可以直接通过网络联通学生宿舍，构筑现代高等学校自由、轻松、愉快的隐性课程文化。作为班级授课制向个性化教学组织形式发展的过渡阶段或补充形式，这种组织可以作为高年级大学生，尤其是研究生的学习场所。教师或导师是组织者、引导者、主持人，须充分发挥他们的主导作用；学习者是主体、参与者，须完全调动他们的主动性、积极性和创造性。教师和学生有时也可以互换角色，以增强其自由、平等、多彩的风格。这种形式比目前的班级授课制可以发挥更多的优越性。

5. 社会实践

作为教学组织形式的社会实践，与现场教学有些重叠，但两者侧重点不同。社会实践是学校为了实现培养目标，有目的、有计划、有组织地安排学生走出校门，深入实际、深入社会，充分发挥学生的主体作用，使学生参与到具体社会生活之中，了解社会、增长知识，把书本知识同社会生活结合起来，用知识服务于社会的一种融社会性、实践性于一体的社会活动。

对社会实践通常有广义、狭义两种定义。广义的社会实践包括两个方面：一是指由团中央、全国学联倡导开展的，以“受教育、长才干、做贡献”为宗旨，以科技文化服务为重点，主要利用课余和节假日时间进行的，包括勤工助学、暑期社会实践、志愿服务和社会考察调研等类型的一系列实践活动；二是指学校教学计划内的专业实习、军事训练、公益劳动、社会调查等实践教学环节。狭义的社会实践则主要是指上述两个方面中的一个。

教学计划安排中的实践教学环节主要侧重专业知识、技能的培养和训练，而综合性社会实践活动则侧重于综合素质能力及社会适应性的提高。无论广义或狭义的社会实践，其教育功能和目标都是一致的，即培养具有综合素质、实践能力的高水平学生。

四、大学的主要教学方法

现代高等学校常用的教学方法丰富多彩，除了传统的讲授法、讨论法等方法之外，还有实验教学法、指导自学法、案例教学法、多媒体教学法等。

1. 讲授法

讲授法是教师通过语言向学生描述情境、叙述事实、解释概念，以及论证原理和阐明规律的教学方法。这种方法可以追溯到古希腊智者派教学，至今仍是高等学校教学中最基本的方法之一。美国的杜宾和塔弗加曾经对把讲授法和讨论法做比较的 36 项实验研究的数据做了统计，发现有 51%的人喜欢讲授法，49%的人喜欢讨论法。在与诸如印刷出版和电视之类许多科学技术革新的竞争中，为什么讲授法一直继续存在下来，主要原因有以下两个方面：一方面讲授法是比较经济的教学方法，比起录制一个相等的电视节目，连同它的技术人员和设备的附加费用在内，它的成本要少得多；另一方面，讲授法也是一种效率较高的方法，教师利用讲授法能在较短的时间内把较多的知识传授给众多的学生，有助于学生获得系统、精确和牢固的科学知识，因为讲授法是以确保学生获得系统完整的知识体系为目标的。

讲授法作为一种古老的教学方法，并不意味着就是一种陈腐的“注入式”的教学方法。任何教学方法都存在潜在的两面性。运用得好，便能发挥它的优点；运用不当，则会暴露它的缺陷。讲授法也是如此，如果运用得当，照样可以启发学生积极思维，培养学生能力。所以，不应把讲授法与启发式对立起来，怀疑讲授法的价值与作用。有人指责言语讲授教学是“填鸭式”的注入教学，在这样的教学条件下学生的学习只是“鹦鹉学舌”，学生的学习是机械而被动的，这种责难是不全面、不科学的。当然，如果讲授法运用不当，则确实存在着这种危险。

讲授法最主要的缺点在于，首先它是一种单向性的思想交流方式。大多数情况下，留神倾听的学生很少有机会去影响所传递的知识的性质、速率和供给量，学生能做的唯一的控制是不理它或者避开它。单向的思想交流很少有相互作用和反馈回授，而这对学习者来说是至关重要的。如果过度地、不正确地使用讲授法，讲授就会助长学生学习的被动性，使学生走向学习的反面。其次，就是讲授作为一种言语媒介往往不能使学生直接体验这些知识。虽然教师把教材传授给学生，但是学生难以与学科知识本身相互作用。因而，单纯的讲授不易激发学生的创造性。最后，讲授法的记忆效果较差，这对时间较长的讲授课更加明显。因此，尽管讲授是向学生传递知识的一种省时又易行的方式，但它的效果却存在着不确定因素。讲授以其基本形式而言，是最适宜于教与事实有关的知识的。

2. 讨论法

讨论法是学生在教师指导下，就涉及某些教学内容的论题，在独立思考的基础上，共同进行讨论、辩论以便澄清问题，培养学生思辨和交流能力的教学方法。在我国，高等学校研究生教学中采用讨论法的比例相对较高，而在本专科教学中的比例则相对较低。讨论在课堂教学中起着重要的作用，因为讲授只是单向地向学生传递信息材料，而讨论则让学生积极地进行学习。讲授要求学生静听，而讨论则允许学生提问、探求并做出反应。

讨论一般有两种类型，即以教师为中心的讨论和以学生为中心的讨论。以教师为中心的讨论，学生的注意力集中于教师，虽然学生可以控制讨论的议程和进度，但是教师是信息的主要来源。这种以教师为中心的讨论形式为学生提供了提出问题、澄清误解的机会。以学生为中心的讨论，增加了学生交谈的时间，减少了教师的作用。问题和议论更多是向着其他学生而不是向着教师的。讨论转而由学生负责，结果学生在他们自己的学习中变得更加积极主动，更加有方向性。以学生为中心的讨论有两种方式，一种是问题解决方式，即给学生一个问题或难题，必须依靠他们自己的智谋和独创性来做出一种或几种回答。教师的任务只限于提出任务，学生集体决定如何得出解决问题的方法；另一种方式是启发性的讨论，其目的在于让学生彼此交流和吸收某一课题或论题上的经验、感情和意见，而并不关心问题的解决方法。可以先用启发问题的方式弄清楚某一问题上的不同见解，再用问题解决方式来解决这种分歧。当然，这两种方式可以互为补充、灵活运用。

讨论法之所以在高等学校教学中占据重要的位置，并为大多数学生所喜欢，原因有很多，其中最重要的一点是讨论法能对学生的需要做出敏感反应。如果一个学生有误解需要澄清，要求说明某一要点，或者想把一种见解与另一种见解做比较，那么他所要做的事就是提出问题。学生因而变得积极地投入学习，寻找出资料与观点。他也有机会做出反应；他也可以分享他人的见解。他可以点头表示赞同，提出反对意见，或者对这场讨论提供各种新思想、新看法。因而，讨论法可以形成多通道的知识信息传递与交换的“立体式”教学局面。从学生个体的心理机制来看，不论是准备输出知识信息，还是输入知识信息，都是属于探究性的，都要通过思维活动，对知识信息进行分析、综合、抽象、概括等一系列的“加工整理”，从而提高了学生分析问题解决问题的能力。

讨论法的局限在于它是不可靠的，比较难以操纵和控制。除了时间的问题外，讨论还可能变得漫无目的或令人厌烦，甚至在进行得很好的时候，它常常也是没有计划、杂乱无章的。这就是说，因为讨论是结构较差的活动，不是所有的要点都可能提出来的，不是所有的信息都是精确的，也不是适合学生的所有需求的。即使教师是一位有能力的、有经验的集体领导人，一堂讨论课也很难如讲授课那样顺利完成预定的任务。另外，讨论要求教师或学生用一定的时间去维持集体纪律，尤其是当这个集体处于早期阶段时情况更是如此。学生的主要兴趣在彼此逐步认识，并且学会怎样去发挥集体的作用。这种讨论往往是成果较少，与目标实现关系不大。但是如果这门课程的目标是获得人与人关系的技能，讨论不失为一个重要和有效的方法。

3. 实验教学法

实验教学法一般在自然科学和工程类学科运用较多，它是在教师的指导下，学生借助于仪器设备进行独立操作，以获得直接经验、培养技能的一种教学方法。实验教学一般分为三种类型：演示性实验、验证性实验、设计性实验。在现代高等学校教学中，由于越来越重视直接经验的学习，以及动手能力、实践能力、创新精神的培养，实验教学法的地位和作用也越来越得到人们的认同。

尽管在学习各种技能，也许还有探究和鉴别等更高级的教学目标时，通常没有什么可代替实验教学的，但是实验教学法也有它的局限性。也就是，实验教学需要一定条件支撑。无论是对于教师还是学生，实验教学都是耗费时间的。此外，它需要专门的房间和设备，设备器材的维修和补给都是很费钱的，消耗品也是这样。如果要体现有反馈、有结构的实习所具有的特殊优点，那么通常学生和教师的比率在实验教学中必然要比其他教学形式更低一些。

为了提高实验教学的效果和效率，教师在教学中要加强对实验的指导。教师要着眼于学生基本技能的训练和分析问题、解决问题能力的提高，培养学生实事求是的科学态度，鼓励学生求异创新，提高学生的研究能力。在教学安排上，要增加实验学时，更新实验内容，提倡实验教学改革。

4. 多媒体教学法

多媒体教学系统可分为硬件与软件两部分，硬件系统主要由计算机、投影仪、展示台、音响设备、遥控器等组成，软件系统主要由电子课件、音像材料、教材、管理软件等组成。多媒体教学是把教学内容通过文字、图像、动画和音乐等表现形式用独特的连接方式组成有序的开放的信息集合体。

多媒体教学通过课件开发加以实施。多媒体课件按功能大致可以分成 3 种模式。

(1) 讲授模式。根据教学大纲将教材的主要内容编制成多媒体课件，在专用教室的多媒体设备上，通过文字、图形、动画、声音等媒介将知识点直观、形象地传授给学生。这是当前教学中使用最普遍的一种模式。

(2) 自学模式。依据教学大纲将课程内容编制成便于学生自学的电子教材，它不仅包含全部教学内容，还包含教师对教学重点、难点的分析，以及详细的例题和习题要求，另外还应包括章节练习、习题答案和综合测试题等。这类课件是远程网络教育和成人教育的有效手段。

(3) 讨论模式。这种模式主要用于对学生的课外辅导答疑和综合复习，是课堂教学的一种补充。要真正发挥多媒体教学的功能与作用，而不只是为了使用多媒体而使用多媒体，或者简单地把黑板上的内容搬到屏幕上，在教学实践中就必须要做到课件开发与教学方法改革相结合。否则，教师坐在讲台上点鼠标，而屏幕上只是一些板书，这样的多媒体教学效果不尽如人意。

5. 案例教学法

案例教学法是教师根据教学目标和课程内容的需要，利用案例，组织学生研究、讨论，提出解决问题的方案，使学生掌握有关的专业知识、理论和技能，提高独立工作能力的教学方法。

案例教学法是哈佛大学商学院于 1918 年首创的。目前，哈佛大学商学院每年编制大量的案例，不仅用于教学，还用于出售。案例教学，大多是结合理论讲授、课堂讨论、实习等教学方法进行的。教师根据课程进度或实习的需要，选择典型案例，编成案例资料，提出要解决的问题，让学生运用所学理论知识进行分析研究，提出解决问题的方案。教师在这个过程中，做适当的指导与引导，并对案例的分析研究过程、讨论情况和方案进行点评。案例教学作为高等院校的一种教学方法，加强了理论与实际的结合，扩大了学生的实际知识面，沟通了学校与社会的联系，培养了学生分析和解决实际问题的能力，在相关学科产生了较好效果。

6. 指导自学法

指导自学法是教师有意识地培养学生的自学能力、主动探究精神及终身学习习惯的一种方法。学生在教师指导下进行自学。一般认为学生自学有以下 3 个共同的要素：第一，学生（有时是一组学生）选择一个问题、论题、方面或争论问题进行调查研究，连同这种选择一起，寻找各种有关的教材和参考资料，在这个寻找过程中更加严密地确定这个课题；第二，选择一个问题后，学生根据进一步的调查、研究或实验着手解决这个问题；第三，最后组织并提出有关结果的适当的报告书。教师所起的是间接的辅导作用。

学生由于自己学习与探究，对他们自己的学习明显地负有主要的责任。这种方法迫使学生们深刻地研究某一学科，而且通常也把不同学科的知识结合起来，学生们很可能从其执行的工作任务中得到满足。他们通过选择、搜集和提炼资料，从而取得研究的方法和经验。在由一个小组进行独立学习时，学生们可以学会协作、领导和决策。最重要的是，应用独立学习可推动实现教育的终极目的：教会学生如何学习，使学生能够成为他自己的教师。

第二节 大学的学习方式

一、什么是学习

“学”是仿效，“习”是鸟儿频频飞起。“学习”，顾名思义是指小鸟反复学飞。把“学习”二字用在教育上，则意味着通过模仿、读书、听课、研究及参加实际工作等获得知识和技能，并且要反复巩固所获得的东西以便真正得到它。这是从功能上理解“学习”的含义。

在心理学上，“学习”是指经验的获得，以及行为变化的过程。它可具体理解为人在一定的环境中，对某些具体的经验、知识和技能的获得，引起智力的发展、能力的提高和情感意志行为的变化的过程。因此，“学习”由学习的主体（一般指学生）和学习的客体（指学习的对象）两个方面组成。学生在一定环境中进行学习，并产生某些变化，而这些变化在时间上是相对持久的，是主体、客体和环境相互作用的结果。

学生的学习，除具有上述属性外，还具有以下特征。

（1）目的性。为满足社会发展需要和自身发展需求而学习。

（2）间接性。在学校的环境里，通过本学习，主要是接受前人早已积累下来的已有知识和技能，而不是主要通过直接的实践活动获得知识和技能。

（3）系统性和集中性。在学校制订的教学计划安排下系统地组织进行，学生在校的全部时间基本上都要集中在与学习有关的活动上。

（4）指导性。学生是在教师指导下学习的，即使强调大学生应该做到自主学习，这种自主学习也需要教师不定时的进行某种形式的指导。

二、大学学习的特点

对刚跨入大学门槛的新生而言，生活环境和学习环境都发生了重大变化，由父母的精心呵护转换到独立性较强的集体生活；由老师的严格督促学习转变为自主性学习；由熟悉而单纯的学习环境转换到大学这个小社会中。诸如此类变化，许多同学一时难以适应，不知如何学习、如何处理人际关系，心理紧张彷徨，更有甚者严重影响到学业顺利实施。

其实，中学与大学在教育方式、学习方法上都存在较大区别。

从学习目的上看，中学时期的主要目标就是考上大学，实现教育层次的升级；而在大学期间，学习的目标改为成长为优秀专业人才。有的同学在进入大学后，整天不知道该做什么，实际上就是因为没有意识到目标的转变，在失去考上大学这个目标以后，没能重新建立新的成长目标所致。

从学习要求上看，中学时期主要就是分数，基本要求各门功课都要取得最佳的成绩，达到“全面开花”；而在大学期间，对课程的要求变为具备较为全面的素质，掌握专门知识与专门能力的课程优良。

从学习的自主性来看，中学时期自主学习范围较窄，几乎完全依靠老师安排学习与辅导；大学期间，自主学习范围扩大，课外学习完全由学生自己安排，对学生的学习独立性提出了较高要求。因此，部分同学上大学后发现学习要由自己安排，一下失去了方向，精力投入到各种社交生活中，学习效果自然直线下降。

课程内容的差异更为明显。首先，相对于中学较差的课程层次性，大学的课程大致分为3层，即基础课程、应用基础课程（技术科学）、专业课程（应用技术）。其次，大学课程内容的深度也大大优于中学课程。中学学习的内容多为经典内容，表述也比较粗浅；大学更多的是对经典知识进行深层次的讲述，同时结合了现代科技的前沿知识。最后，中学时期很少有选修课的安排，而大学时期则提出了较多选修课程，内容涉及更为广泛。

从实践性上看，中学时期缺少实践性的课程，大学重视知识的应用，强调实践课程的开设。

思维方法也有较大差异。中学强调的是知识的记忆与积累，大学要求更多的是理解与应用，甚至创造。

可以说，大学与中学相比较，诸多方面存在差异，这也形成了大学相比中学在学习上的不同特点。初入大学的各位同学，及早把握这些特点对未来大学学习计划的制订有极大的帮助。

三、大学的学习理念

大学学习有其自身的特点，那么大学生怎样才能尽快适应大学学习生活，早日完成由中学到大学的过渡呢？我们提倡应该在了解大学学习特点的基础上，树立正确的学习理念，包括学会学习、学会生活、学会合作、学会思考。

1. 学会学习

人的一生是离不开学习的，人们往往说“活到老，学到老”。特别是对于社会竞争异常激烈的今天，“生命不息，学习不止”是至理名言。学习是一个人终生获得知识、取得经验、转化为行为的重要途径，它可以充实生活，发展身心，促使个人得到全面的发展和提高。要学好，就得讲究科学的学习方法。所谓学习方法，就是人们在学习过程中所采用的手段和途径，它包括获得知识的方法、学习技能的方法、发展智力与培养能力的方法等。科学的学习方法将使学习者的才能得到充分的发挥，并能给学习者带来高效率和乐趣。我们建议可以从以下几个方面考虑。

（1）尽快确立新的学习目标。大学是一个文化与精神凝聚的场所，大学生正处于富于理想、憧憬未来的青春年华，应当树立对社会有益、对个人发展有益的奋斗目标。目标是激发人的积极性、产生自觉行为的动力。人生一旦没有目标，就会意志消沉、浑浑噩噩。中学阶段大家的目标明确一致，就是想升入理想的大学。一旦进入了大学，这个目标已经实现，有些人觉得大功告成，可以松口气了。没有了目标，会使学习生活缺乏动力。因而，有些学生生活松散疲沓、空虚乏味，很快变成了混日子。大学新生中这种现象的出现，主要是由于没有及时树立新的学习目标所致。因此，大学新生需要尽快熟悉大学生活，树立新的奋斗目标。比如，根据自身的兴趣、特长、条件，制订出适合自己的目标成果并制订相应的学习计划。目标可以考虑近期与远期，但不会有高低之分，不需要因为自己的目标没有别人远大而不好意思，达到自己的目标就是成功。

（2）尽快适应大学学习模式。大学学习内容广博，资料浩瀚。教师在有限的课时内不可能一字一句地讲解所有的内容，只能是提纲挈领，讲解基本理论、典型案例和研究方向。因此，大学学习中大量的学习内容需要自己查阅资料、自主学习，需要有很强的主动性和独立学习能力。新生进入大学后碰到的一个普遍问题就是学习方法的不适应，很多同学习惯了中学老师逐字逐句反复讲解、练习、督促的被动接受知识的学习方式，对于需要自己自主决定怎么学、学什么时，就感到无所适从。大学新生可以通过向高年级同学取经、向老师求教等各种方法，尽快了解大学的学习特点和规律，并根据大学学习特点迅速摸索出一套适合自己的学习方法。

（3）重视实践能力的培养。世间万物简单中孕育着复杂，复杂中透析出简单，两者之间没有不可逾越的鸿沟。一些看似抽象深奥的理论，一经实验演示便豁然开朗；一切技术方案都必须经过实践的检验。因此，工科学生实践能力的培养是非常重要的。在大学中实践能力的培养途径除了课程实验、综合实验和各种实习外，参加各种竞赛是最能锻炼和提高动手能力的手段之一。

目前适合工程造价专业大学生的科技竞赛有很多，除了各个高校内部、地方教育系统的各种科技竞赛以外，在全国工程造价专业较有影响力的科技竞赛有全国高等院校“斯维尔杯”BIM建模大赛、“广联达杯”全国高等院校工程算量软件大赛、全国高等院校工程造价技能及创新竞赛。此外全国数学建模竞赛、全国大学生创业计划大赛、全国大学生课外学术科技作品竞赛、全国大学生软件设计大赛等也是对工程造价专业有促进作用的相关竞赛。（具体介绍参见第四章第五节。）

（4）学会合理安排时间。古人云：“凡事预则立，不预则废。”这就是说不管做什么，先有了统筹规划，才有可能取得成功，否则就必然导致失败。大学的自学时间较多，看似很自由，如果不能自觉、自律、主动有效地管理时间，学习就容易被遗忘。优秀的学生能有重点地进行系统学习，明确自己每天要做什么事情。但常常看到有些学生糊里糊涂过日子，摸摸这个，又碰碰那个，或者干脆将学习任务堆积起来，一直拖到期末考试即将来临，不得不突击学习应付考试，结果可想而知。

一个好的时间表可对学习做整体统筹，从而节约时间和精力，提高学习效率。同时，它能够将学习的细节变化习惯，使学习变得更为主动积极。这就需要合理制订计划，科学安排时间。良好的习惯是个人竞争力的一种体现，有效的时间安排也是获得成功的重要手段。

2. 学会生活

大学阶段是大学生职业生涯发展中最重要的准备阶段。在这个阶段里，你为今后的职业生涯准备得如何，将直接影响到你的就业竞争力和未来的职业发展力。大学新生离开了昔日的中学好友、师长及家乡亲人，来到新的集体中生活，面对陌生的校园、陌生的面孔，可能会感到寂寞和孤独，有的同学缺乏独立生活和集体生活的能力，既不善于接近他人，也不善于让别人了解自己，很难融入新的集体之中。大学新生要摆脱这种烦恼，首先要树立自信，大胆热情地与他人进行交往；其次要主动参加集体活动，热情帮助他人，扩大自己的交往范围，从而结识新同学。

学校各社团组织的课余活动，能丰富生活、陶冶情操，同时也能提高自身的素质与修养。参加校外各种实践活动可以更多地接触社会，了解社会发展趋势，关注社会、关注民生是当代的大学生的责任。积极参加各类活动，可以结交更多的朋友，拓展人际关系，提高自己的综合能力和基础素质。大学生的基础素质包括品格、文化、体质和能力 4 个方面。

（1）品格方面。大学生作为中华民族的一个群体，要有强烈的爱国主义和拼搏精神；要树立正确的人生观、价值观；要树立民主精神、科学态度、竞争观念和法律意识等现代思想观念。这是大学生活和以后工作的基本原则，没有正确的人生观、价值观，做事情也会没有主见，容易迷失方向。

（2）文化方面。文化是人类不可缺少的精神食粮，是作为社会人必须具备的基础素质，大学生作为一个文化人，其文化素质尤为重要。中国是有着悠久历史、灿烂文化的文明古国，不能因为自己是学工科的，就对社会、历史、文学等一无所知。大学生应努力做到博览群书，提高自己科学、文化、自然、历史、地理等方面的基本素养。

（3）体质方面。身体健康是人生存和发展的基本要素，没有健康的体魄，事业发展无从谈起。大学生在学习之余，应积极参加体育锻炼，应掌握科学的健身方法和用脑方法，养成良好的生活习惯和行为习惯，形成健康的体魄和发达灵活的大脑。

（4）能力方面。这里“能力”泛指一般人所具有的最基本的生存和生活能力，即自我生活能力、一般社交能力、从事简单劳动的能力、吸收选择与生活有关信息的能力，以及应对一般性挑战的能力。要有积极的态度，对自己的一切负责，勇敢面对人生，不要把困难的事情一味搁置起来。例如，有些同学觉得自己需要参加社团磨炼人际关系，但是因为害羞就不积极报名。把想法搁置起来，会永远没有结果。我们必须认识到，不去解决也是一种解决，不做决定也是一个决定，这种消极、胆怯的作风将使你面前的机会丧失殆尽。要做好充分的准备，事事用心，事事尽力，还要把握机遇，创造机遇。

3. 学会合作

所谓合作能力，指在工作、事业中所需要的协调、协作能力。在现代科学发展条件下，越来越多的科研难题都是科学工作者合作研究攻克的，群体合作已成为现代社会活动的主要方式。现代组织的基本单位都是团队，成就都是依靠集体取得的，因此团结协作十分重要。

古人云：“独学而无友，则孤陋而寡闻。”学习中因有了朋友才不会闭门造车，才不会使自己成为井底之蛙。在知识激增、更新速度不断加快的信息社会，必须培养互相学习、紧密合作的意识，在团队协作中更好地促进自身成长成才。大学有很多教师带头的学术研究团队，有各种学生兴趣小组和社团，要根据自己的兴趣和能力积极参加到团队中，团队合作能使我们获得学习成长的机会，扩大自己的能量，提高生活品质，收获更多的成功。

4. 学会思考

大学生需要更多阅读和思考，求理解，重运用，不去死记硬背。一个记忆力强的人，我们最多只能称之为“活字典”，不能成为大家。古人云：“读书须知出入法。始当求所以入，终当求所以出。”这是对读书人的告诫，这一入一出就是思考理解的过程，在这一入一出的反复之间实现学习的目的。大学生要学会运用抽象思维，因为任何概念是抽象的也是具体的。掌握概念不仅是从个别到一般的过程，而且也包括一般再回到个别的过程。只有经过这样的反复才能真正掌握知识。

我们提倡主动学习，勤于思考，敢于质疑。看教材或参考书时，要紧紧围绕概念、公式、法则、定理，思考它们是怎么形成与推导出来的，能应用到哪些方面，它们需要什么条件，有无其他的证明方法，它们与哪些知识有联系，通过追根溯源可以使我们增强分析问题和解决问题的能力。正是有问题的存在，才激励我们去学习，去实验，去观察，从而获得知识。

探索创新精神是人才应该具备的最宝贵的精神，独立性和主动性是优秀大学生所应该具备的品质。我们鼓励学生多看资料文献，广泛获取信息，开拓思路、勤于思考，从研究、试验、比较中获得正确的结论。将科学的世界观、科学的思维方法和学习方法联系起来，动态地、辩证地、全面地看问题才是寻求正确答案的有效方法。

第三节 工程造价专业理论课程的学习方法

工程造价专业理论课程的学习的目的在于掌握工程造价学科的基本规律、基本原理、基本概念和基本方法，了解土木工程的前沿知识，具备继续通过自学和实践钻研工程经济管理的能力。

一、重视基础课程

基础课程的学习十分重要，是完成大学学习任务的奠基工程。工程造价专业本科基础课程包括公共基础课与专业基础课两部分。

1. 公共基础课程

公共基础课程是高等学校各专业或者一定类别专业的学生所必须学习的基础课程，“公共性”是其基本属性。公共基础课程一般在大学一年级开设，对基础课程知识掌握的程度对学生后续的专业学习及其终身发展将产生深刻、长远的影响。其中计算机知识、数学知识和运用外语的能力等基础课程对于工程造价专业学生十分重要，学好这些课程对今后的学习和工作都很有帮助。

(1) 提高计算机应用能力。21 世纪是知识经济和信息经济时代，信息技术已经成为经济发展的助推器，越来越深刻地影响和改变着建筑行业及工程造价专业的发展形态。努力学习、掌握计算机和信息技术，对于推动工程管理信息化具有十分重要的意义和事半功倍的作用。

例如，目前我国广泛使用各种专业软件来帮助造价工作，利用软件内部的数据库，可以实现灵活的换算功能，如标准换算、自动换算、类别换算等；也可以直接修改人工、材料、机械的单价，系统自动产生相应的计算结果；还可以实时汇总工程量清单表、工料分析表、费用表等。

此外，各种房地产项目工程管理软件、电力水利工程管理软件、公路工程管理软件、石油化工工程管理软件在各种类型的工程实践中得以应用。学会使用工程管理软件，乃至于结合工程管理实践进一步完善和开发软件（工程造价专业就业方向之一即为行业软件开发领域，详见第五章第二节相关内容），除了掌握工程技术的专业知识之外，还必须掌握计算机的基本原理和操作。因此，必须充分重视计算机相关知识的学习。

（2）加强英语学习。大学英语的教学目标是培养学生的英语综合应用能力，特别是听说能力，通过教学使学生在今后实际工作和社会交往中能用英语有效地进行口头和书面的信息交流。更为重要的是，提高英语水平可以培养学生自主学习的能力，提高学生综合文化素养，以适应我国社会发展和国际交流的需要。

近几年来，国际工程合作日益加大的趋势既是机遇，同时也对我国工程造价行业从业人员的外语交流能力提出了更高的要求。合作的各方必须按照国际规则办事，这就要求我们除了具有熟练的外语听说、阅读能力及较好的信函、合同书写能力外，还应熟悉和理解国际通用的工程造价专业用语、行业规则、运行方式和法律文本等。通过大学阶段形成较强的英语应用能力，是工程造价专业毕业生今后从事国际工程管理等涉外相关工作的必要条件。

（3）掌握数学知识。数学是一门逻辑性很强的学科。逻辑思维能力是高素质人才应具备的一种重要能力，它通常包括抽象与概括的能力、分析与综合的能力、归纳与演绎的能力。高等数学是教育部指定的理工科各专业及经济、管理等学科专业的核心课程，也是学生应掌握又较难掌握的基础知识。高等数学不仅是提高学生文化素养的基础课程，还为学生后续学习专业课和从事专业技术工作提供必需的数学工具。

工程实施伴随着诸多风险和不确定性因素。作为一名优秀的工程管理者，必须具有较强的数理分析能力，善于从问题的定性描述逐步过渡到定量的分析和计算，并通过对结果的数理统计推理来检验并说明结论的准确性和可信度，即能够根据实际问题的已知条件，把一个复杂的工程实际问题抽象简化为数学问题，建立数学模型并利用数理统计方法进行参数检验和回归分析。

2. 专业基础课程

专业基础课是在学生已掌握一定公共基础课程知识的前提下，为适应专业课程学习的需要而设置的。在工程造价专业课程结构中，专业基础课起到承前启后的作用。学好专业基础课有助于提高学生的认知水平和解决问题的能力，从而为学习专业课和从事专业工作做好理论和技术准备。

从专业基础课的内容属性看，大多具有理论性和实践性强、新概念多、分析较为深入的特点。在理论方面上，专业基础课注重运用课程中的基本理论去解释、透析专业现象和问题，引导学生深入学习新理论、新技术，促使学生顺利地踏上专业课学习的轨道；在内容设置上，专业基础课兼顾后续专业课的需要，大幅度地增加了相关专业的知识，并有一定的深度和难度。

学习专业基础课是学生用基础理论知识去分析专业现象和问题的初步尝试，是学生强化理论与实际相结合的开端，也是学生由学习者向从业者转化的起点。专业基础课承上启下的作用主要体现为学生将由抽象思维为主向形象思维为主过渡，开始尝试用所学的较为抽象的基础理论知识去观察、思考和理解较具体、形象的专业现象和问题。因此，实践性教学是专业基础课的重要教学环节。要使书本知识真正转化为实际工作能力，即能运用理论知识独立地去分析、解决问题，必须借助实际运用能力的培养训练过程，帮助学生从本质上感知、认识和理解学过的知识，进而形成运用知识去观察、分析和解决实际问题的能力。

下面，以“工程制图”课程的学习为例，介绍专业基础课程学习应掌握的一般方法。

“工程制图”课程的任务之一是将三维空间的几何体转化为二维空间的平面图形，即把工程上很难用语言和文字表达清楚的物体（如地面、建筑物等）的形状、大小、位置等在平面图样上用图形表达出来；任务之二是将二维空间的平面图形转化为三维空间的几何体，即第一种情况的逆向过程。学习“工程制图”对抽象思维能力要求较高，它是一门实践性、严谨性较强的专业基础课程，学生必须注意研究、掌握正确的学习方法，努力提高学习效果。

首先，必须熟练地掌握正投影理论和制图基本知识。工程图是工程界通用的“语言”，而画法几何则是这种“语言”的“语法”。只有理解制图的基本原理和基本步骤，掌握制图基本知识，才能正确地绘制和识读各种工程图纸，进而为系统全面地掌握“工程制图”课程知识奠定基础。

其次，必须掌握读图方法。读图既是“工程制图”的重点又是难点，它是一个十分复杂的思维过程，没有一个固定的模式，但客观存在一定的规律。只要我们充分掌握图形的各种信息和各种立体的投影特点，就能够解读各种复杂的图形，使其由大变小、由繁化简。

最后，在上述学习过程中必须认真对待每次动手实践的机会，按时、按质、按量地完成一系列的绘图、识图作业，这是巩固课堂知识和形成能力的必要环节。

二、注重知识融合

工程造价专业是一个综合性学科，目前工程造价专业课程仍客观存在条块分割、知识融合度不够的现象。犹如缺乏搅拌和融合的沙石、水泥和钢筋，未能形成紧密结合、强度倍增的“基石”，从而难以达到支撑高楼大厦的技术要求。沙、石、水泥和钢筋虽然各有用途，但只有通过沙、石、水泥加水搅拌后，以钢筋为骨架浇筑成型，硬化成为坚固的整体，才能支撑起一栋栋摩天大楼。工程造价专业教学和学习应该借鉴钢筋混凝土的形成机理，通过“物理搅拌+化学融合”式的学习方法，要求同学们在学习过程中注意将各个不同类别的主干课程的要点适当地串联、汇集，将相关知识、技术有机组合，达到知识的融会贯通、学为所用，将自己培养成为能够胜任现代工程造价工作的专业性人才。

1. 知识的物理搅拌

知识的“物理搅拌”，是指打破目前工程造价专业不同课程间存在的泾渭分明和条块分割现象，将各门主干课程内容适度地联系，达到主干课程知识面上的“物理搅拌”。这一过程强调知识表面上的整合，通过反复解构和组合课程内容，在学习实践中将所学的知识重新搭接和有机组合，达到深入了解局部、系统把握整体、明确相互联系，从而大幅提升专业学习的效果。以“工程计量与计价”课程为例，要正确估算一幢楼房的造价，需要我们将整幢楼房分解为基础、主体结构、设备安装等若干部分，其中每一部分再按实际需要依次细分，直到形成与工程定额相对应的计算单元。得到若干计算单元的造价后，逐一汇总方可得到整幢楼房的造价。在此过程中，需要综合运用“工程制图”“工程结构”“工程材料”“房屋建筑学”“工程施工”“工程估价”等技术类课程的知识。只有通过上述知识的“搅拌”，学生才能形成系统、完整的知识结构，形成解决工程实际问题的能力。因此，知识的“物理搅拌”是我们走向成功的第一步。在我们学习不同课程的过程中，必须有意识地把相关联的知识联系起来，注重其相互“搅拌”，为正确理解、掌握知识及在更高层面上进行的知识融合做好铺垫。

2. 知识的化学融合

化学融合与物理搅拌相比，本质的区别在于物理搅拌仅仅局限于各个组成部分面上的交融组合，而化学融合着眼于本质性能的改善和提高，强调通过将各个组成部分有机融合在一起，达到物质性能的改变和提升。

工程造价专业知识的“化学融合”，旨在将解决某一具体工作的所有相关课程知识有机地组合起来，在一个统一的平台下形成专业知识的有效结合，改变“一盘散沙”式的无序状态，出现“摩天大楼”式化学反应，实现量的积累到质的飞跃。四个平台知识在学生知识体系中发生化学反应并融会贯通，形成知识的有机整体。知识的化学融合可以通过渐进式的学习模式来实现，如图4-1所示。

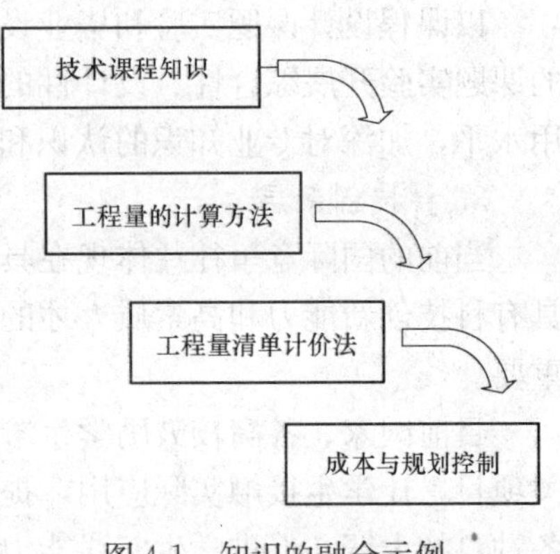

图4-1　知识的融合示例

以“工程计量与计价”课程为例，在时间安排上，先学专业基础课程，掌握工程制图、房屋建筑等技术平台的课程。专业知识的内容由浅入深、由易到难、由局部到整体、由分析到综合逐步展开。内容设置上，相关知识前后搭接，步步深入，实现从分散到综合的过渡。这个模式是推进“化学融合”的有效方式。一方面，它根据课程之间的逻辑关系确定彼此的先后顺序，从而让学生在专业知识的获取上由浅入深、由易到难、由简单到复杂；另一方面，学生在学习过程中，可以保持动态的学习热度和积极性，这种全过程的学习方式易于学生掌握、消化和吸收所学的知识，真正达到学以致用的目的。

第四节　工程造价专业实践课程的学习方法

工程造价行业需要的是具有专业技术功底和实践能力的造价人员。因此，我们在掌握扎实的基础理论的同时，还必须注重通过各种形式的实践活动培养和锻炼自身的实践技能，做到理论知识与工作实践的良好结合，不断提高解决工程实际问题的能力。同时实践课程是大学教学改革的根基，实践教学是高等教育今后将要发展的方向，尤其对工科院校都需要实践教学作为依托，否则就会空而不实。所以，大学生对实践课程的学习需要有更高的了解和认识。

实践课表现为各种活动课程，如土工实验、课程设计、毕业设计、综合实验、认识实习和生产实习等。

一、实践课的体系

实践教学是理论教学的延续和深化，是传统实践教学的一个重要环节，贯串于工程造价专业大学四年教学的始终。本科教学水平评估体系将实践分为演示性实验、验证性实验、综合性实践、设计性实践和创新性实践，以提高学生动手能力，培养创造能力和综合素质。学生通过足够的实践，采取循序渐进的培养方法，逐步加深理解和掌握所学的理论知识和应用技术，将理论与实践很好地结合起来。

工程专业实践教学体系通常分为3个层次，即基础实践层、综合应用层和科技创新层。

1. 基础实践层

基于传统土木工程的基础课程，开设演示性实验和验证性实验，重点在理论教学与实践教学相结合，达到知识的运用、理解和深化的目的。

2. 综合应用层

以课程设计课题实验和毕业设计（论文）课题实验为主，通过教师拟定或学生自己设计的课题实验开展综合性、设计性的实验研究，进而完成设计任务，提高学生的综合能力和应用水平，加深对专业知识的认识和理解，增强团队精神。

3. 科技创新层

当前的国际竞争往往体现在具有科技创新竞争力和高素质的人才竞争上，作为承担培养具有科技创新能力和高素质人才的高等学校，在培养大学生科技创新能力上进行改革就尤为重要。

目前国家、各高校鼓励学生参加教师的科研课题研究，吸纳学生参与合作企业的科技攻关项目，让学生接触实际应用，提高其创新能力，并为学生创造机会参加校级及校级以上的各种科技大赛，促进学生实践能力的提高，为培养个性化人才创造条件。

二、实践课的学习方法

1. 实验课

在基础实验教学阶段，既要重视实验操作能力的培养，同时也要关注实验技术理论的学习和提高，如实验原理、实验设计、调试技术、测试方法、数据处理、误差分析等。该学习方法要注意以下几点。

(1) 认真做好实验前的预习。阅读实验讲义、明确实验目的、掌握实验原理，即弄清楚为了达到上述实验目的所依据的是什么理论，运用什么样的实验方法，需要观察测定的项目与哪些因素有关。进而分析实验要点，其中包括实验步骤、需要观察的现象及保证实验成功必须控制实验误差的关键等。要熟悉所使用仪器的性能、仪器调试和校准的方法、测量范围，注意事项等。

(2) 手脑并用，严格按程序操作。首先要认真听指导教师的实验讲解，要记下讲解中提出的注意事项，以往做该项实验时出现的种种问题及取得实验成功的关键。接着要仔细地做好实验设备检查，主要是仪器、备品是否齐全、符合规范要求，进行实验系统组装合成。最后在动手实验前要再一次用心思考实验的基本程序、操作步骤和方法。有些实验还要经过指导教师检查同意后再开始进行。

(3) 注意实验安全。在实验中要十分注意增强安全意识、重视环境的非正常变化。

(4) 做好实验报告。各实验室的实验报告书一般都有固定的格式，其内容包括实验目的、实验原理、实验步骤、实验现象、数据处理及误差分析等，最后还应有讨论分析，由此反映出实验者对本次实验的看法、建议、需要进一步研究的问题及实验者自己的见解。

2. 课程设计

(1) 课程设计的要求。课程设计的性质不同于课外作业。课外作业是配合课堂教学进度，根据教师所设计的典型条件，解答某个具体问题，或根据教师所给数据进行运算绘图，它所涉及的范围是某一单元或章、节。而课程设计是一门或几门课的有关知识的综合运用，它要全面地考虑相互联系着的各个方面和各种条件，“如钢筋混凝土结构”课程的梁板柱构件设计。课程设计不仅仅是应用一些现成的公式做简单的计算工作，而是要根据设计综合地考虑各种因素间的相互作用。因此，课程设计的主要任务是应用所学的有关专业知识，处理好各种因素的相互关系，创造性地完成符合实际要求的设计任务。

(2) 课程设计的学习方法。课程设计一般要提前发布设计任务书，完成时间在1～3周。

课程设计任务书包含目的、内容、要求、设计资料、设计步骤、设计方法、设计进度、参考资料等。课程设计课题一般每个学生都不完全相同或所用参数完全不同，每个人都必须独立完成。

学生做课程设计时，首先要认真按教师的要求阅读设计任务书。如果可以自由选择课题，则要根据自己的专长、能力和爱好与教师商定，然后根据设计任务拟订进度计划。制订的计划既要保证能按时按质量完成，也应该适当留有余地，以便有时间进行必要的返工和修改。

课程设计的成果是学生撰写的设计说明书和绘出的相关图纸。说明书要条理清楚、语句通顺、字迹工整、论据充足、计算正确，图纸要布置得当、图面干净、比例恰当、线条分明、尺寸完整。总之，必须以科学的态度对待课程设计的学习。

3. 毕业设计

毕业设计是学生在毕业前的最后一个重要教学环节，其目的在于巩固、加深、扩大学生所学基本理论和专业知识，并使之系统化；培养学生综合运用知识、技能及解决工程技术问题的能力，使其初步掌握设计原则、方法和步骤等。它是学生毕业之前的一次“实战演习”。

（1）毕业设计的要求。毕业设计和毕业论文在深度和广度上的要求都比课程设计或课程论文高。它的范围不再是一门课程，而是要覆盖全部专业知识和技术。同时，它还含有创造性因素，能解决较为复杂的问题。毕业设计和毕业论文的选题很重要，一般应符合下列几个原则。

1）符合专业培养目标，以便巩固本专业所学知识，能较快适应工程造价专业的工作任务，对所学知识有综合运用能力。

2）好的课题要使学生既有设计构思，又有分析计算；既有理论探讨，又能运用现代方法。课题太简单、狭窄、资料太少、条件限制太呆板，以及课题太陈旧，都难以达到这种要求。

3）内容分量及难度适当，使学生经过努力能在规定时间内完成。若难度过大，在有限时间、有限知识领域内很难完成，会挫伤学生的信心；分量过轻又使学生无压力感，不利于调动学生的积极性和创造性。

4）课题应当在规定时间内取得成果。如果做一个实验，其结果不可预期，盲目收集一堆资料却分析不出结果等，都是不合宜的。

（2）毕业设计的学习方法。学生在进行毕业设计或撰写毕业论文阶段应该注意以下4点。

1）事业心和责任感。以科学的态度从事设计和写作，要有实事求是的精神，认识到自己“作品”的实际价值。例如，在建筑设计中应该根据国家的建筑法规，按照安全、适用、经济、尽可能美观的原则进行设计。在论文写作中应该遵守国家方针，材料可靠，内容翔实。

2）处理好与指导老师的关系。理性看待老师的严格要求，接受老师的指导性教学而非知识性教学，明白“授人以鱼只供一餐之需，授人以渔则终身受益无穷”。

3）工作中应贯彻理论联系实际的原则，正确地运用科学的研究方法和设计方法。

4）虚心学习。虚心向教师、技术人员和生产者学习，向书本学习，向实际学习，并大胆借鉴国内外的先进经验为我所用。

4. 实习

为有利于学生掌握专业技术和方法，通过实习加深对理论知识的理解，促进学生对所学课程知识的消化吸收。工程造价专业教育十分重视实习教学环节，一般开设有认识实习、课程实习、生产实习、毕业实习等。另外，根据学校自己的教学设置，通常会安排一定数量的学时，聘请有关专家进行专题讲座或研讨，以增强学生对相关专业实际发展状况的了解。

(1) 认识实习。刚刚进入大学的大部分学生对“工程”不甚了解或知之甚少，通过认识实习这一环节，能够帮助学生初步了解工程造价的流程，形成对工程造价专业的初步认识，从而激发学生对工程造价专业的学习兴趣，为后续课程的学习增加感性认识。通过认识实习活动，可以锻炼学生观察、理解实际问题的能力，培养学生认真、严谨的学习态度和工作作风。

以某学院工程造价专业的认识实习为例。该学院工程造价专业认识实习要求，学生应严格按指导教师的安排，认真听取施工现场安全管理人员的入场教育，做好安全防范措施；主动和工程技术人员和工人师傅沟通，在技术人员或现场指导人员的辅导下熟悉工程概况和工地情况；认真观察工人师傅从事的砌砖、钢筋混凝土、装修等现场劳动，了解手工操作的基本技能；学生应仔细观察各种现象，认真听取现场介绍并做好现场参观的记录，通过撰写实习报告对参加认识实习的收获进行总结。

(2) 课程实习。作为课程教学内容的重要组成部分，课程实习与课程理论教学配合进行。如工程测量实习，在“工程测量”课程理论教学进行到一定阶段时，学校将安排一定时间集中进行。学生需要掌握主要测量仪器与工具的实际操作，学会依据测量数据绘制地形图的基本方法，使所学的相对分散、抽象的测量知识通过综合应用而形成完整、系统的实际能力。

学生顺利完成课程实习任务，需要事前认真学好相关课程的理论知识，实习过程中虚心接受实习老师的指导，同时要充分发挥团体合作精神。某些课程实习内容多、时间紧，单靠一个人的力量难以高质量地完成，只有小组的合作才能有效提高实习的效果，按时完成任务。

(3) 生产实习。生产实习是教学计划的一个重要组成部分，是强化学生对基础知识、技术方法认识、理解、掌握的重要手段和环节，是培养学生综合实践能力的有效方法，是学生进入社会的纽带和桥梁。

例如，某学校工程造价专业的生产实习过程中要求，学生应用已学的专业知识和技术方法，编制实习工程的施工组织流程并与现场的施工组织流程相比较，找出两者的差异，分析各自的优缺点；通过生产实习，了解国内目前工程造价行业的发展水平，并结合自己所学专业知识，分析、研究工程造价实践中具有一般规律性的现象和问题，探索提高工程造价工作质量和效率的方法和途径。

三、实践课学习要求

学生在生产实习中应注意避免 3 种倾向。

一是漫不经心、不以为然。工程本身就是需要严谨、认真的，而工程造价行业，更要做到严谨无误，养成一种良好的态度是生产实习的一个主要目的。

二是脱离实际、照本宣科。部分学生在实习过程中不注意对工程特定的条件进行系统、全面地分析，对所参与、观察和了解到的现象机械地与曾经学过的课本内容相对照，轻易得出对、错、优、劣的结论。必须认识到课本内容是若干工程实践共性经验的抽象反映，理论对实践的指导作用并非一定是已有的结论对各种工程问题的机械规定。

三是浅尝辄止、不求甚解。有些学生在实习中接触工程实践后，片面地形成了工程造价只需要实际操作技能的观念，忽略了扎实的理论基础、系统的思维方法和全面的知识结构才是指导实际操作、提高工作效率及水平的根本。缺乏完备的知识结构和良好的理论基础，或许能从事一时、一事的工程造价工作，但很难有长时间、多领域和高层次的发展。正确的学习态度是，注重生产实习中所参与和观察到的每一细节，深入了解其产生、形成、发展的实际背景和客观条件，结合所学的理论知识和技术方法对其认真地归纳、总结和分析，从而逐步提高自身对基础理论、技术方法的正确理解和运用能力。

工程造价专业实践教学环节的内容要求及学习方法建议见表 4-1。

表 4-1　实践教学环节学习方法与要求

活动阶段	学习要求	实验课	设计课	实习课	课外科技活动
实践课前	复习已学理论	基本概念、基本原理、基本方法			
	弄清学习目的	实验目的	设计目标和设计阶段	对现象、过程和工具的认识与操作	课程内涵及其目标
	搜集信息资料	以往的实验报告、与本实验有关的资料，与本实验有关的仪器设备	社会需求、自然及环境条件，材料、技术、制造条件，经济、市场条件，以往的设计资料	以往的实习报告、操作规程、岗位职责、现场生产的一般情况	阅读有关文献，参阅相近的研究报告、材料、设备、资金情况
实践课初	自拟方案计划	实验方案、计划、仪器设备	设计方案、计划	个人实习计划	科技活动方案、计划
实践课间	完成技能训练	熟悉仪器设备，掌握实验技能	查阅技术标准，掌握设计技能	操作技能，处理技术问题	调查研究、实验、统计分析等
	勤观察多思考	观察实验现象，了解事物本质	从综合比较分析中寻找最佳方案	观察思考生产过程中的技术和管理问题	科学技术事实及其概括，直觉、灵感与科学发现
	锻炼创新能力	创新的思想意识、认知风格、处置方法、工作态度			
	解决实际问题	描述实验现象，统计分析实验数据，得到实验结论	按照设计目标完成设计任务，满足各项设计指标	记录实际生产过程，解决若干生产中遇到的实际问题	完成课题
实践课末	做好文字总结	实验报告	设计说明书、计算书	实习报告	科技小论文

第五节　工程造价专业的课外科技活动

一、全国高等院校“斯维尔杯”BIM 建模大赛

全国中、高等院校学生“斯维尔杯”建筑信息模型（BIM）应用技能大赛，由中国建设

教育协会主办，深圳市斯维尔科技有限公司承办，并得到住建部工程管理和工程造价学科专业指导委员会、全国高职高专教育土建类专业教学指导委员会的支持。大赛通过斯维尔BIM系列软件的应用，实现高校建筑类专业之间的BIM协同，增强学生实践与创新能力的同时，提高学生的团队协作能力。该项大赛从2009年开始举办，至今已成功举办6届。2010年4月首届大赛即有来自70所院校的98个参赛团队参与，至第六届吸引了来自全国各地区的317所院校、320多支队伍在总决赛现场展开角逐。该项赛事目前已成为全国颇有影响力的涉及建筑、造价、管理的大型综合赛事。

全国高等院校学生斯维尔杯"BIM系列软件建筑信息模型大赛"是以建筑信息模型为基础，根据协同设计理念，由建筑学、土木工程、建筑设备、工程造价、工程管理等相关专业学生相互配合，分别承担产业链中三类重要角色（设计师、造价师、建造师），协同完成的大赛，如图4-2所示。比赛中学生完成不同专业与项目上、下游之间的数据共享，从而建立起能在同一个数字空间表达工程设计、工程造价及工程管理等各专业信息的数据模型。

该项赛事设置有8个专项，包括建筑设计、绿色建筑分析、结构设计、设备设计、三维算量与清单计价、安装算量与清单计价、项目管理与投标工具箱、建设工程VR虚拟现实，参赛队伍可以选择其中多个项目参与比赛，根据评分可以争夺专项奖与全能奖。

"斯维尔杯"BIM建模大赛官方网站：http：//edu. thsware. com/。

图4-2 第二届"斯维尔杯"BIM建模大赛比赛现场

小知识

BIM简介

"建筑信息模型"（Building Information Modeling，BIM）是近年来出现在建筑界中的一个新名词。建筑信息模型以三维数字技术为基础，集成了建筑工程项目各种相关信息的工程数据模型，是数字技术在建筑工程中的直接应用。作为一种建筑业信息新技术，建筑信息模型将大大提高建筑工程的集成化程度，对建筑业界的科技进步产生巨大的影响。同时，建筑信息模型可以显著提高设计乃至整个工程的质量和效率，降低成本，对建筑业的发展带来巨大的效益。

建筑信息模型可以应用于设计、建造和管理，支持建筑工程的集成管理环境，其模型结构是一个包含有数据模型和行为模型的复合结构。该复合结构除了包含与几何图形及数据有关的数据模型外，还包含与管理有关的行为模型，两相结合通过关联为数据赋予意义，因而可用于模拟真实世界的行为，如模拟建筑的结构应力状况、围护结构的传热状况等。因此，应用建筑信息模型可以使建筑工程在其整个进程中显著提高效率和大量减少风险。

应用建筑信息模型的直接好处就是使建筑工程更快、更省、更精确，各工种配合得更好和减少了图纸的出错风险；而得到的长远好处已经超越了设计和施工的阶段，惠及将来的建筑物的运作、维护和设施管理，可持续地节省费用。

建筑信息模型的实践最初主要由几个比较小的先锋国家所主导，比如芬兰、挪威和新加坡，美国的一些早期实践者紧随其后。经过长期的酝酿，BIM在美国逐渐成为主流，并对包括中国在内的其他国家的BIM实践产生影响。

1. 北欧

北欧国家包括挪威、丹麦、瑞典和芬兰，是一些主要的建筑业信息技术的软件厂商所在地，如Tekla和Solibri。

北欧四国政府强制却并未要求全部使用BIM，由于当地气候的要求及先进建筑信息技术软件的推动，BIM技术的发展主要是企业的自觉行为。如Senate Properties，一家芬兰国有企业，也是荷兰最大的物业资产管理公司，于2007年发布了一份建筑设计的报告（Senate Properties’ BIM Requirements for Architectural Design，2007），表明自2007年10月1日起，Senate Properties的项目仅强制要求建筑设计部分使用BIM，其他设计部分可根据项目情况自行决定是否采用BIM技术，但目标将是全面使用BIM。该报告还提出，在设计招标将有强制的BIM要求，这些BIM要求将成为项目合同的一部分，具有法律约束力。

2. 美国

自2003年起，美国总务管理局（GSA）通过其下属的公共建筑服务处（Public Buildings Service，PBS）开始实施一项被称为国家3D-4D-BIM计划的项目，实施该项目的目的有：①实现技术转变，以提供更加高效、经济、安全、美观的联邦建筑；②促进和支持开放标准的应用。按照计划，GSA从整个项目生命周期的角度来探索BIM的应用，其包含的领域有空间规划验证、4D进度控制、激光扫描、能量分析、人流和安全验证及建筑设备分析及决策支持等。

3. 英国

英国的设计公司在BIM实施方面已经相当领先了，因为伦敦是众多全球领先设计企业的总部，如Foster and Partners、Zaha Hadid Architects、BDP和Arup Sports，也是很多领先设计企业的欧洲总部，如HOK、SOM和Gensler。在这些背景下，一个政府发布的强制使用BIM的文件可以得到有效执行，因此英国的AEC企业与世界其他地方相比，发展速度更快。2016年4月4日后，英国政府的招投标都必须满足BIM Level 2，也就是要求所有投标厂商具备在项目上使用三维BIM Level 2的协同能力。这代表着在建筑环境版块数字化方向达成了更高的里程碑成就。

4. 新加坡

1995年新加坡国家发展部启动了一个名为“CORENET”（Construction and Real

Estate Network）的 IT 项目。主要目的是通过对业务流程进行流程再造（BPR），以实现作业时间、生产效率和效果上的提升，同时还注重采用先进的信息技术实现建筑房地产业参与各方之间高效、无缝地沟通和信息交流。CORENET 系统主要包括 3 个组成部分：e-Submission、e-plan Check 和 e-info。该子系统的作用是使用自动化程序对建筑设计的成果进行数字化的检查，以发现其中违反建筑规范要求之处。利用该系统，设计人员可以先通过系统的 BIM 工具对设计成果进行加工准备，然后将其提交给系统进行在线的自动审查。

二、“广联达杯”全国高等院校工程算量软件大赛

全国中、高等院校学生“广联达杯”全国高等院校工程算量软件大赛，如图 4-3 所示，由中国建设教育协会主办，广联达软件股份有限公司承办的。本项赛事通过对广联达系列造价软件的应用，实现建设项目全过程的造价管理，增强学生实践与创新能力的同时，提高学生的团队协作能力。该项大赛从 2008 年开始举办，至今已成功举办 8 届。由于该项赛事举办时间较早，经过多年的发展，目前已经成为全国范围内工程造价专业、工程管理专业较有影响力的大型综合赛事，在培养学生对建筑行业的理解、加深学生对专业和行业知识的理解、培养协作能力、提高学生的实训水平等方面做出了较好的贡献。同时，该赛事在推进高校建筑类专业信息化实训教学发展、提升教学服务质量方面也做出了有益的尝试。

与“斯维尔杯”BIM 建模大赛不同，该项赛事举办初期，仅仅只是广联达公司自有图形算量软件的一种技能比赛，赛事名称也为“算量大赛”，主要考察参赛学生运用信息技术进行图形算量的学科技能。在经过较长时间的发展以后，除了图形算量软件以外，该项赛事逐渐纳入造价管理、项目管理等软件技能比赛，对推动工程造价行业信息化发展做出了一定的贡献。近年来随着 BIM 技术的兴起，造价软件也与 BIM 技术相结合，该项赛事也相应地改名为“BIM 算量大赛”，体现了现代工程造价技术的发展趋势。

“广联达杯”BIM 算量大赛官方网站：http：//bisai. fwxgx. com/。

图 4-3 “广联达杯”工程算量软件大赛比赛现场

三、全国高等院校工程造价技能及创新竞赛

全国高等院校工程造价技能及创新竞赛，由中国建设工程造价管理协会、住房和城乡建

设部高等学校工程管理和工程造价学科专业指导委员会、全国住房和城乡建设职业教育教学指导委员会工程管理专业指导委员会主办，部分造价软件企业协办，是目前行业内最年轻的一项的全国性造价专业技能大赛，如图 4-4 所示。首届赛事于 2015 年在天津举办。

该项竞赛旨在推动全国高等院校工程造价学科建设、鼓励学校开展应用型人才培养、促进工程造价实践教学、加强校企之间的合作与交流。竞赛内容包括手工计算和软件计算，在全范围内分为高职组与本科组，本科组增加创新思维竞赛内容。

与前两项由软件企业命名的赛事不同，该项赛事不限制使用何种软件，使用任何工程量计算软件均可参加比赛，因此对学生能力的考察更为突出，也使参赛学生能够集中精力在问题的发现与解决上。比赛时间持续一天，共分为手工计算建筑与装饰工程量（80 分钟）、手工计算建筑水电安装工程量（80 分钟）、软件计算建筑与装饰工程量（80 分钟）、软件计算水电安装工程量（80 分钟）、工程造价创新思维（60 分钟）5 场专项竞赛。虽然该项赛事首次举办，在影响力、规模及深度上与前两项赛事还有一定距离，但仍然吸引了来自全国近 30 个地区的 74 所院校参加。比赛中，各位大学生展现出了专业知识扎实、造价技能精湛、学有所长的技术特点，以及运用工程造价理论知识和方法解决工程量计算实际问题的能力，体现了当代大学生组织管理、团队协作、创新思维的职业素养。由此，可以看出该项赛事在今后的发展中潜力巨大。

中国造价协会官方网站：http：//www.ceca.org.cn/。

图 4-4　全国高等院校工程造价技能及创新竞赛比赛现场

阅读材料

造价人生的九重境界

（资料来源：造价通工程造价信息网讯）

假如一座金字塔由 9 层组成，为托起最上层的那一块砖，下面 8 层基础至少要由 284 块砖组成。当一个人感叹自己工作三五年，可什么能力还没有具备时，看看脚下，也许事业金字塔基座的第九、第八层砖还没有砌完。

每一项事业都可以看成是一座金字塔，把造价工作比喻成一座9层的金字塔我认为非常形象，因为每一层都代表着一段经历、一个层次、一重境界和几回拼搏。

第一层：看图算量

这是每一名造价人员必须具备的基本功，不论现在的职称是师还徒、职务是员还是长，只要在这个岗位上，就时刻要与看图算量打交道，谁在工作中绕过了此步台阶，他早晚会回到原地重新开始。

第二层：工序掌握

工程建筑不论万丈高楼还是间板房，工作程序都是从下到上、从里到外进行，掌握工序，代表着造价人员对工程施工的初步认知，还是同前所述，谁来搞造价都要遵循这一规律。

第三层：分解算量

这步台阶虽然属于初级阶段，也许许多人不屑去完成，但这一省略使多少造价大师摔得头破血流，在这也没法一一举例，只总结一句话：清单报价如果事后发现某一分部分项清单项目赔钱，多半原因是事前没有做分解算量这项工作。

第四层：定额组价

这里为什么不说清单组价，到第七层看答案，中国的定额虽然是计划经济的产物，但定额的理论却是值得造价人员用毕生精力去研究的对象，站上这层台阶的造价人员，应该就此立下这一志向，工程造价才能建立起向上攀登的能量。

将来政府编制的定额会逐步退出造价舞台，随之将由企业内部定额去代替，这在2013清单规范条款中已经多次出现提示。初登这一台阶的造价人员可能没有能力去编制企业定额，但应该有能力去试编某一条定额子目，如果一周编制一条定额子目，1年就能完成一个章节的定额子目编制，10年就能完成一部专业定额的编制。

第五层：合同管理

合同管理是造价人员的又一个知识点，前三个台阶涉及工程施工的知识，这层就涉及法律知识，对造价人员来说，合同里的名词理解是一个，实际大型工程合同中的术语比这要多得多，操作的程序也非常复杂，如有些工程报量要三套报表，每套报表与其他两套和合同清单都有紧密的关联关系，比财务报表都要烦琐。还有一些名词，如甲供材、暂估价材料、暂定金额，这些名词虽然在每一份合同里都是一个叫法，但在两份合同里出现，操作程序的解释不会完全相同，合同管理就是操作好或是教育其他人操作好合同里的每一条款，发现合同条款里有利或不利的因素，实施过程中夸大有利或规避不利合同中的某些条款。

第六层：项目管理

这一阶段的工作从取得中标通知书开始到竣工结算双方签字盖章为止，可以说是造价过程最漫长的一个阶段，往往也是造价人员最先介入的一个阶段，因为这个阶段有足够的时间，最容易接触到每一个台阶，如：进场后，造价人员做的第一件事就是核对工程量清单的项和量，这就是前面所说的图纸算量，为结算时调整工程量创造依据；之后是清单综合单价的审核，投标时间紧迫，投标人手忙脚乱的难免哪个节点没看仔细，组价时定额含量没有得到调整，造成分部分项清单项目综合单价亏损，越早发现越容易制定扭亏对策，这就要靠分解算量来完成。还有就是上面所说的进度结算（报量）、合同管理、变更洽商组价等，这一层台阶考验的是造价人员综合处理问题的能力，把算量、组价、合同管理等知识运用到实战中。

第七层： 独立组织招投标

这一层工作看似也是算量、组价、合同管理等方面的工作集合，但独立组织招投标要完成一项最重要的工作就是成本分析，没有成本分析的投标就是瞎子摸象，“粗的叫柱子，大的叫扇子，弯的叫钩子”。成本哪来的，就是造价人员用10年时间编制的企业内部定额，拿组价来说，站在这一台阶上的人关注更多的是清单综合单价组价，这与第四层台阶上的定额组价有着层次上的差异，定额单价研究的是工序成本，而清单综合单价研究的是特定清单项目的单方造价，这里说的造价而不是成本，成本相对造价而言比较固定，变化不大，造价里包含着风险、管理费用，FIDIC条款全费用清单综合单价还包括税费、措施费用等更多的内容，掌控起来更是困难重重，更为困难的是，为了增强清单综合单价投标时的竞争性，还要动用不平衡报价的手段，不平衡报价解释清楚可能要花些篇幅，这里用一个比喻概括，围棋里有个术语叫“弃子”，就是可以放弃不要的棋子，高手下棋是让弃子放出最后一份能量，否则就叫“被吃”。不平衡报价就是把让利让到最佳效果，否则让利让成了赔本就是投标最大的失败了。

第八层： 措施清单编制

在清单编制过程中，招标方会在分部分项清单编制中出现许多失误，而投标方会在措施清单报价中感到棘手，原因就是一点，措施方案中的费用不像图纸中的实物量那样，多半是看不见、摸不着，实际还会发生的费用，而且随着新技术、新材料、新工艺的产生，措施项目也在不断地增加。举个最简单的例子，原来建筑基础挖土考虑个放坡系数就可以，但现在新建筑见缝插针，周围全是林立的高楼，基础每一个边坡可能会采取不同的护坡的方式，措施费中会体现几种护坡费用。这些措施难度大的措施费用可能还会引起招投标方全面重视，一些常见的措施项目可能就会被忽略，如二次搬运费，普通工程套一个经验系数，像地铁这样的工程，几百米长的车站就几个下料口，材料运到地下后全靠人拉肩扛，推车倒运完成二次倒运工作，发生的二次搬运经验系数，只有亲身经历过结算的人才能总结出来。

第九层： 方案编制

造价人员的在建筑市场上用九个字概括：“懂设计、会施工、精预算”。站在第九层台阶上，就要比别人多会两手。

(1) 措施方案编制。措施方案编制不是造价人员的本职工作，但却是造价人员应该参与的决策工作，措施方案关系到安全、质量、工期、成本等多个因素，在投标报价中，决定商务标生死的一般就是措施费价格的高低，结算中也经常因为措施费用争议影响结算进度。措施方案决策在投标环节中应该是投标评审工作解决的最关键问题。

(2) 图纸深化工作。一些招标图纸，特别是装修图纸，说是施工图，其实承包方拿到图纸后无法完成施工工作，因为图纸中许多细部节点、排版等工作没有完成细化，施工中，发包方可能会提出一些自己的建设性意见，这时考验的就是投标方在投标过程中有没有预测到发包方可能的设计思路，投标时的成本留没留出变化的空间，能否随着图纸进一步细化，而成本还保持在可控范围内是投标方要充分考虑的问题，如墙地砖排版，图纸中工程量没有发生变化，实际变化的是砖的规格和排列形式，砖的损耗率会产生什么样的变化？加工费又会增加多少？

9层台阶用砖285块，其中最下面两层用砖185块，也就是说造价人员登两级台阶的成长历程，要花费50%的时间精力，如果按10年计划人生事业，前5年也就是踏踏实实地去看懂每一套图纸，当不通过立面索引便能找出立面图在平面图中的对应位置，以及看完节点图能猜出节点的部位时，就代表造价事业登上了初级台阶，什么时候能通过地面拼花铺装图联想到设计师的天花节点图构造，就是事业到达最顶层的标志。

每一层结构保持自身稳定，是对上层结构最有力的支持，造价人员急于求成的登顶计划都是不现实的，造价事业的9级台阶，想不费力就站上去，就一定会被狠狠地摔下来。

思考题

章末习题检测

扫描二维码，查看分享内容

1. 请分析我国普通高等学校教育与中等学校教育存在哪些主要区别。
2. 我国大学教学主要有哪些形式？分别有什么特点？
3. 作为从中学进入大学的新生，应如何树立正确的学习观？
4. 与中学相比，大学有哪些不同的教学方法？
5. 针对工程造价专业的全国性大学生科技比赛有哪些？参加这些比赛可以有什么收获？
6. 作为刚刚进入大学的新生，应该树立怎样的学习理念？
7. 工程造价专业的学习方法有哪些特点？你怎样实施这些学习方法？
8. 工程造价专业的实践学习为什么特别重要？

第五章　工程造价专业考研与就业

第一节　工程造价专业的考研

一、国内考研概况

本科毕业后可以选择攻读硕士研究生，以便能在国内外高等院校、科研院所继续学习与深造。但是，很多同学往往临近毕业时在考研热的带动下匆忙报名考研，缺乏对报考专业的详细考察，缺乏对自身和专业契合度的思考，更缺乏对考取专业后职业发展的规划，对于攻读硕士研究生对自己有什么意义、对自己的专业能力有什么作用，并没有做过深入的思考或几乎没有过多思考。一般来看，攻读硕士研究生主要为了实现以下一些目标：

（1）进一步培养自己的专业素质，提升自己的学术水平；

（2）进一步增强自己的业务能力，获得更好的就业机会；

（3）追逐自己的兴趣，对感兴趣的课题做进一步的研究；

（4）构造更高层次的交际圈，为未来的发展铺路。

显然，攻读硕士研究生不仅会收获一张更高级的证书，更重要的是可以提升思维能力、理解能力、写作能力、动手能力及团队协作能力等个人综合素质。

根据中国教育在线考研频道的统计数据，我国近年来的考研报考人数与录取统计比例见表 5-1。

表 5-1　　我国近 5 年来考研报考人数与录取比例统计表

年份	报名人数（万人）	增长率（%）	录取人数（万人）	报录比
2019	290	21.80	—	—
2018	238	18.40	85.8	2.8：1
2017	201	13.56	80.5	2.5：1
2016	177	7.30	66.7	2.7：1
2015	165	—	64.5	2.6：1

数据来源：中国教育在线考研频道（http：//kaoyan. eol. cn/）。

从近些年报考数据变化可以看出，由于考生个人对自身发展的要求提高、毕业生就业压力较大、非全日制研究生考试纳入统考以及研究生招生人数扩大等多重因素的推动下，全国硕士研究生报考人数呈现了逐年上升的态势。

从表 5-1 可以看出，近 5 年，考研人数逐年增长，同 2015 年的 165 万人相比增加了 125 万人，研究生报考人数的快速上涨也引发了社会的广泛关注。

据统计显示，2019 届全国普通高校毕业生预计达 834 万人，也就是说，他们中的三成以上都面临着考研的选择。尽管每年的招生计划并没有减少，但是对考生来说，竞争压力还是一年大于一年。

二、研究生的类型

研究生教育是学生本科毕业之后继续进行深造和学习的一种教育形式，研究生教育属于国民教育序列中的高等教育。目前，中国研究生教育种类很多，已经形成了一个比较完整的体系。按照不同的方式，研究生有不同的分法。

1. 按攻读学位的等级划分

按照攻读学位等级的不同，研究生可分为攻读硕士学位研究生和攻读博士学位研究生两级。前者简称“硕士生”，后者简称“博士生”。

2. 按学习方式的不同划分

按照学习方式的不同，中国的研究生可分为脱产研究生和不脱产研究生，其中不脱产研究生又称为“在职研究生”。

脱产研究生是指在高等学校和科研机构进行全日制学习的研究生，又称“全日制研究生”；不脱产研究生是指在学习期间仍在原工作岗位承担一定工作任务的研究生。不脱产研究生按照入学和考核方式的不同又可以分为同等学力申请硕士（博士）学位、在职人员攻读硕士（博士）学位、单独考试取得硕士学历证书和学位证书等几种。

3. 按学习经费渠道划分

按在校期间提供经费渠道的不同，研究生可划分为国家计划研究生、委托培养研究生（简称委培生）和自费研究生。

（1）国家计划研究生。国家计划招收的研究生又分为非定向研究生（简称“非定向生”）和定向研究生（简称定向生）。非定向研究生毕业时应服从国家就业指导，实行由本人选报志愿、招生单位推荐、用人单位择优录用的双向选择就业制度，学生需要将户口和档案关系转入学校；定向研究生是指在招生时即通过合同形式明确其毕业后工作单位的研究生。从 2014 年秋季学期起，国家和学校将不再承担学费，所有纳入国家招生计划的新入学研究生都要自己缴纳学费。

（2）委托培养研究生。委托培养研究生系指用人单位（委培研究生本人所在单位）委托教育单位（一般指具有硕士、博士学历层次的大学、研究院所等教育机构）培养的一类高层次专门人才。

一般来讲，委托培养研究生在报考前要与自己所在单位签订一份合同书，表明自己与所在单位的关系，并保证在学成之后回所在单位服务，由此，委托培养研究生的报考者在被录取后即可以获得所在单位提供的经济资助（全部学费或部分学费）并享受学习期间所在单位的基本经济待遇（如基础工资）。而在报考学校时，必须提交这份合同书的副本给报考学校的研究生部以备案，报考学校的研究生部则根据这份合同书将其确定为定向培养的类别。委托培养研究生的在学待遇与非定向培养研究生没有任何区别，即均为全日制研究生。

2014 年研究生学费改革制度实施以后，委托培养研究生和国家计划招收的研究生之间的主要区别就在于毕业分配的办法不同。委托培养研究生毕业之后回委托单位工作；国家计划招收的研究生，实行由本人选报志愿，招生单位推荐、用人单位择优录用的双向选择就业制度；而定向生按合同规定毕业后到定向地区或单位工作。

（3）自费研究生。即自筹经费研究生，主要是针对 2014 年以前国家计划研究生由国家和学校提供学费的情况而言的。计划外研究生收费标准根据国家相关文件而定，入学时要转户口和档案关系。计划外研究生同样需要参加国家的考试，考试内容与计划内研究生相同。考试成绩超过国家规定的最低分数线但不能计划内录取的考生，可以及时向所报考的院（系、所、中心）教务办公室申请计划外录取。教学安排与计划内研究生相同，修满学分、论文通过可以得到与计划内研究生同样的毕业证书和学位证书。但 2014 年研究生学费改革制度实施以后，自费研究生与国家计划内研究生基本已经不存在区别。据统计，目前国家培养一名硕士研究生的费用约为 3 万元人民币，培养一名博士研究生需 4.5 万元人民币。

4. 按照专业和用途划分

按照专业和用途的不同，研究生可分为学术型研究生和专业学位研究生。

（1）学术型研究生。

1）培养目标。以培养教学和科研人才为主的研究生教育，侧重于理论教育。采用全日制培养方式，授予学位的类型是学术型硕士学位。社会上对学术型研究生的认可度比较高。

2）层次。学术型研究生分为两大层次，即学术型硕士研究生和学术型博士研究生。

3）学位类型。根据国务院学位委员会和教育部颁布的《学位授予和人才培养学科目录（2011 年）》规定，我国可授予学术性研究生硕士和博士学位的学科门类有 13 种，分别是哲学（01）、经济学（02）、法学（03）、教育学（04）、文学（05）、历史学（06）、理学（07）、工学（08）、农学（09）、医学（10）、军事学（11）、管理学（12）、艺术学（13）。不同的学科门类授予不同的学位名称。工程造价专业根据学生选择报考研究生专业的不同，有所差异，一般为工学（08）或管理学（12）。

学术性学位是按学科门类下的一级学科或二级学科进行招生的。一级学科是指根据科学研究对象在各学科门类下划分的学科分类体系。根据国务院学位委员会和教育部颁布的《学位授予和人才培养学科目录（2011 年）》规定共设置 110 个一级学科。在一些一级学科还设置了若干个二级学科，二级学科是指一级学科内所包含的若干种既相关又相对独立的学科、专业。

工程造价专业一般情况下可供选择的一级学科包括工程（0852）、管理科学与工程（0871），或管理科学与工程（1201），二级学科包括项目管理（085239）、技术经济及管理（120204）或工程管理（125600）。

4）培养方式。学术型研究生采用全日制学习方式，一般学制为 3 年。根据教育部的要求，原则上现阶段全日制学术学位研究生学费标准，硕士生每生每年不超过 8000 元，博士生每生每年不超过 10000 元。考生可通过助学贷款、奖学金、助学金及各种岗位津贴筹集学业资金，缓解学费方面的压力。

（2）专业学位研究生。我国从 1991 年开始推行专业硕士，包括 MBA、MPA 等。一直以来，部分专业硕士都是针对有一定工作经验的报名者开展，且只发放“学位证”。但教育部决定从 2009 年起，大部分专业学位硕士开始实行全日制培养，同时发放学位证与学历证，并逐步推行将硕士研究生教育从以培养学术型人才为主向以培养应用型人才为主转变的政策，实现研究生教育结构的历史性转型和战略性调整。在 2015 年，国家拟计划将专业硕士和学术性硕士的数量控制在 1∶1 的比例。

1）培养目标。专业学位研究生的培养目标是针对社会特定职业领域的需要，培养具有较强的专业能力和职业素养、能够创造性地从事实际工作的高层次应用型专门人才。

2）层次。专业学位研究生也分为两大层次，即专业学位硕士研究生和专业学位博士研究生。

3）学位类型。专业学位是按专业领域进行招生的。根据国务院学位委员会和教育部颁布的《学位授予和人才培养学科目录（2011 年）》规定，我国可授予专业硕士学位的专业领域有 39 个，可授予专业博士学位的专业领域有 5 个。

4）培养方式。专业学位教育的学习方式按照非全日制和全日制攻读种类的不同而不同。非全日制攻读专业学位以业余时间学习为主，利用周末、节假日上课或集中授课的方式，进行不脱产或半脱产学习，学习时间一般为 2～4 年；全日制攻读专业学位的人员全脱产学习，学习时间一般为 2 年，同时必须保证不少于半年的实践教学，应届本科毕业生的实践教学时间原则上不少于 1 年。

专业学位教育有双重任务：一个是吸引优秀应届毕业生，实施全日制学习方式，培养实践部门需要的应用型人才；另外就是面向在职人员，开展非全日制学习方式。两种模式，两种学习方式，两种招收对象，但培养目标相同，都同等重要。

5）招生考试。全国硕士研究生招生考试分初试和复试两个阶段进行。初试和复试都是硕士研究生招生考试的重要组成部分。初试由国家统一组织，复试由招生单位自行组织。

初试方式分为全国统一考试、联合考试、单独考试及推荐免试。

全国统一考试的部分或全部考试科目由教育部考试中心负责统一命题，其他考试科目由招生单位自行命题。

联合考试在特定学科（类别）、专业（领域）进行，部分或全部考试科目联合或统一命题。

单独考试由具有单独考试资格的招生单位进行，考生须符合特定报名条件，考试科目由招生单位单独命题或选用全国统考试题。

推荐免试是指依据国家有关政策，对部分高等学校按规定推荐的本校优秀应届本科毕业生，及其他符合相关规定的考生，经确认其免初试资格，由招生单位直接进行复试考核的选拔方式。

6）与学术性学位的区别（见图 5-1）。

a. 培养目标不同。专业学位是培养在某一专业（或职业）领域具有坚实的基础理论和宽广的专业知识，具有较强的解决实际问题的能力，能够承担专业技术或管理工作，具有良好职业素养的高层次应用型专门人才；学术性学位硕士研究生则主要是培养学术研究人才。

b. 培养方式不同。专业学位课程设置以实际应用为导向，以职业需求为目标，以综合素养和应用知识与能力的提高为核心。教学内容强调理论性与应用性课程的有机结合，突出案例分析和实践研究；教学过程注重运用团队学习、案例分析、现场研究、模拟训练等方法；注重培养学生研究实践问题的意识和能力。在具体的学习过程中，要求有为期至少半年（应届本科毕业生实践教学时间原则上不少于 1 年）的实践环节。而学术学位研究生的课程设置侧重于加强基础理论的学习，重点培养学生从事科学研究创新工作的能力和素质。

7）与学术性学位的关系。专业学位和学术性学位都是建立在共同的学科基础之上的，攻读两类学位者都需要接受共同的学科基础教育，都需要掌握学科基本理论和基础知识与技术。在不同的教育阶段，两类学位获得者进一步深造可以交叉发展。比如学术硕士学位获得者可以攻读专业博士学位，专业硕士学位获得者也可以攻读学术博士学位，具体如图 5-1 所示。

8）专业学位的发展趋势。目前，我国已基本形成了以硕士学位为主，博士、硕士、学士三个学位层次并存的专业学位教育体系。自 2010 年始，国务院学位委员会审批通过的硕士专业学位类别，纳入全国硕士研究生统一招生安排。一直以来，硕士专业学位研究生教育

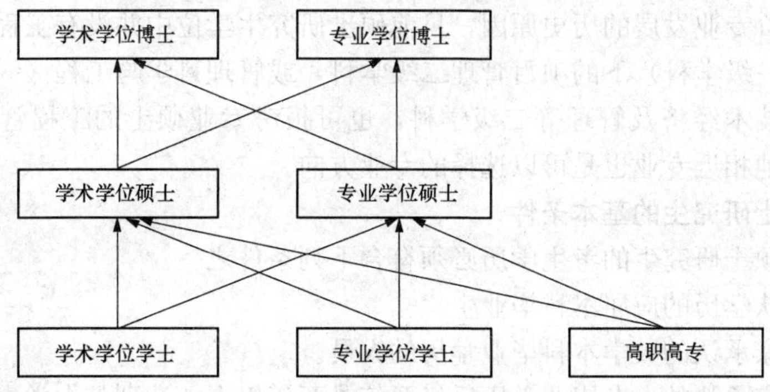

图 5-1　专业学位与学术性学位的关系

以在职攻读学位为主的局面被打破，专业硕士进入研究生招生的主渠道。2011 年专业硕士在整个招生名额中达到 32%，2012 年已达到 36.5%、2013 年已达到 40%。随着国家不断提高专业硕士录取比例，越来越多的考生将报考方向瞄准更注重应用的专业硕士学位，专业硕士也将越来越为大多数考生所接受。

5. 硕博连读生与直博生

（1）硕博连读生。硕博连读是指从新入学的硕士研究生中遴选出具备条件的学生，在完成规定的课程学习并通过博士生资格考核后，确定为博士生的方式。硕博连读研究生学制为 5 年。因客观原因不能按期完成学业的，可申请延长学习年限，但在校最长学习年限为 7 年，且延长学习年限只能提出一次。硕博连读研究生的招生与硕士研究生的招生不加区分，硕博连读生在入学后即享受博士研究生待遇。入学后，按照硕博连读研究生的培养要求进行培养。硕博连读研究生在完成规定的课程学习后，一般在第四学期参加博士生资格考核，主要考核专业基础、科研能力和外语水平。资格考核合格者，从第三学年起，转为博士研究生，享受博士研究生的待遇；考核不合格者，按照硕士培养方案继续培养。

（2）直博生。直博生是指在应届本科毕业前（本科毕业时要求同时取得毕业证和学位证，毕业档案完整地移送），不必参加博士研究生统一入学考试，而通过本科生申请和申请攻读学校直接对申请学生进行选拔而获得直接攻读博士学位的资格的学生。

通常来讲，开设直博生院校的学校实力都非常强，当然这对学生的选拔要求就非常高，基本集中在“211 工程”院校，甚至有的学校直接在招考简章中指明是“985 工程”院校的应届本科生毕业生。读直博的学生一般来讲不需通过全国统一考试，实质上，直博生并没有跳过硕士阶段，在博士课程开设前都会开始相应的硕士课程，只是进入博士课程时间进度上比较快。一般直博的时间会比硕士加博士的时间要短，直博一般是 5 年。

直博与硕博连读的区别是：直博是从本科进行选拔，选拔优秀的本科生直接读博士；而硕博连读是在研究生二年级时选拔优秀的硕士生攻读博士学位，在此期间不需要做硕士论文，但是如果博士无法顺利毕业的话，则可继续完成硕士论文，如果硕士论文没有通过，那么就连硕士学位也没有了。

6. 工程造价专业应届毕业生可申报的研究生类型

对于工程造价专业的应届毕业生，报考学术型硕士研究生、专业学位硕士研究生是主体，招收硕博连读生和直博生的学校很少，主要是少数“985 学校”或“211 学校”，其竞争非常激烈。

由于工程造价专业发展的历史原因，目前硕士研究生学位中并没有工程造价专业，但是可以报考工程（一级学科）下的项目管理二级学科，或管理科学与工程（一级学科）下的管理科学与工程、技术经济及管理等二级学科，也可报考专业硕士的工程管理（一级学科），此外土木工程其他相近专业也是可以选择的专业方向。

三、报考硕士研究生的基本条件

当前，报考硕士研究生的考生学历必须符合下列条件之一。

（1）国家承认学历的应届本科毕业生。

（2）具有国家承认的大学本科毕业学历的人员。

（3）获得国家承认的大专毕业学历后经两年或两年以上，达到与大学本科毕业生同等学力，且符合招生单位根据本单位的培养目标对考生提出的具体业务要求的人员；国家承认学历的本科结业生和成人高校应届本科毕业生，按本科毕业同等学力身份报考。

（4）已获硕士学位或博士学位的人员，可以再次报考硕士生，但只能报考委托培养或自筹经费的硕士生。

工程造价专业学生报考硕士研究生应符合下列基本条件。

（1）中华人民共和国公民。

（2）拥护中国共产党的领导，愿为社会主义现代化建设服务，品德良好，遵纪守法。

（3）年龄一般不超过 40 周岁，报考委托培养和自筹经费的考生年龄不限。

（4）身体健康状况符合国家规定的体检要求。

（5）考生的学历必须符合下列条件之一：

1）国家承认学历的应届本科毕业生；

2）具有国家承认的大学本科毕业学历的人员；

3）获得国家承认的高职高专毕业学历 2 年以上者，按本科毕业生同等学力身份报考；

4）国家承认学历的本科结业生和成人高校应届本科毕业生，按本科毕业生同等学力身份报考；

5）已获硕士学位或博士学位的人员只可报考委托培养或自筹经费硕士研究生；

6）在职研究生报考需在报名前征得所在培养单位同意。

以同等学力报考硕士研究生（本科同等学力是指未取得国家承认的本科学历，但业务水平能达到或基本达到本科毕业生水平的生源，凡不持有教育部承认的本科毕业证书的考生，均属同等学力），除符合上述（1）~（4）条外，需具备以下条件（各招生单位要求不一）：

1）外国语通过 CET 四级考试；

2）以第一作者在核心期刊上发表过专业学术论文；

3）只可报考相近专业，选择范围参照各学校硕士研究生招生专业目录规定。

报考单独考试者，还应达到以下全部条件：

1）大学本科毕业取得学士学位后，在报考专业或相近专业连续工作满 4 年；

2）思想政治表现好，遵纪守法，业务优秀，为所在单位委托培养；

3）已发表过研究论文（技术报告）或已经成为业务骨干；

4）经本单位同意和两名具有高级专业技术职务的专家推荐。

四、报考硕士研究生的准备

做任何事要想成功，都必须有周密的筹划和准备，有志于报考硕士研究生的同学也应该尽早规划、尽早准备。

1. 制订合理的学习规划

做任何事，都需要有一个计划，这样才能保证保持良好的心态以顺利达到目标。对刚进入大学的新生来说，考研是个比较遥远的事情，所以就更需要我们有一个长远的整体规划，如各门功课的轻重缓急、选修课程的了解选择、自学内容的安排等。尤其是数学和英语应当投入较大的精力，从大一就开始抓起，打好基础尤为重要。

目前，工科考研的初试科目有数学、英语、政治及一门专业基础课，通过初试的考生还需参加有关专业综合科目复试。

（1）数学内容包括高等数学、线性代数、概率论与数理统计。

（2）英语内容包括阅读理解、写作、英语知识运用。

（3）政治内容包括马克思主义哲学原理、毛泽东思想概论、邓小平理论和“三个代表”重要思想。

（4）工程造价专业根据报考的方向不同，专业课有较大差异，常见的专业课选择有工程项目管理、工程经济学、运筹学等。

2. 选择合适的学校

高校在研究生层次主要有中国科学院、“985 院校”“211 院校”、省重点高校、普通高校等。

1949 年 11 月，中国科学院在北京成立。中科院是国家科学技术方面最高学术机构和全国自然科学与高新技术综合研究发展中心，分为 5 个学部（数理学部、化学部、生物学部、地学部、技术科学部）、13 个分院（北京、沈阳、长春、上海、南京、合肥、武汉、广州、成都、昆明、西安、兰州、新疆）、84 个研究院所、1 所大学、2 所学院、4 个文献情报中心、3 个技术支撑机构和 2 个新闻出版单位，分布在全国 20 多个省（市）。

1993 年 2 月，党中央、国务院正式发布《中国教育改革和发展纲要》，其中明确指出：“要集中中央和地方等各方面的力量办好 100 所左右重点大学和一批重点学科、专业。”随后国家教委发出《关于重点建设一批高等学校和重点学科点的若干意见》，决定设置“211 工程”重点建设项目，即面向 21 世纪，重点建设 100 所左右高等学校和一批重点学科点，简称“211 院校”。目前 211 院校有 107 所。

1998 年 5 月，江泽民总书记在庆祝北京大学建校 100 周年大会上向全社会宣告：“为了实现现代化，我国要有若干所具有世界先进水平的一流大学。”国家重点支持北京大学、清华大学、中国科技大学、复旦大学、西安交通大学等部分高等学校创建世界一流大学和高水平大学，简称“985 院校”。

学生在选择报考院校时，我们建议遵循以下原则。

（1）符合自己的个人兴趣。兴趣和爱好是世界上最好的老师，是获取知识、成就事业的源头，也是一个人学习的动力。研究生阶段的研究方向可能将决定一生所从事的职业，应选择自己喜欢的专业。

（2）符合自己的考研目的。常见的考研心态有两种：只报考自己心仪的学校和只要能考上就行。前者要注意自己的目标是否切合实际，后者要注意尽量兼顾自己的兴趣。

（3）符合自己的考研实力。尽量选择与本科专业相关的专业，本科打下的良好基础将有助于研究生阶段的进一步学习。要清醒地认识自己的实力，选择既具有挑战性又力所能及的专业和学校。

（4）了解各校历年录取情况。各招生单位的招生自主权很大，因此必须详细了解诸如实际录取分数线、报考人数和招生人数的录取比例等信息。通过对比，确认选择较有把握的学校。

五、报考硕士研究生的主要流程

报考硕士研究生的主要流程是阅读考研大纲、阅读各单位的招生简章、考研报名、考研初试、复试调剂体检、录取等过程。

1. 阅读考研大纲

每年 7～8 月，教育部考试中心发布考研大纲，包括思想政治理论、数学、英语等统考课程的考试大纲，各招生单位发布专业课的考试大纲。通常，各门课程的考点有少量增减或修改，需要考生密切关注。

2. 阅读各招生单位的招生简章

每年 9～10 月，各研究生招生单位发布硕士生招生简章，介绍各专业的招生名额、初试科目、复试科目、报考研究方向、报考流程等内容。考生应认真阅读各招生简章，比较考试科目、研究方向等差别，找到所要报考的大学。

3. 考研报名

报名采取网上报名与现场确认相结合的方式。

（1）网上报名。报名和查询的网址为中国研究生招生信息网（http：//yz. chsi. com. cn 或 http：//yz. chsi. cn），受理日期一般是每年 10 月 10～31 日。逾期不能再补报，也不得再修改报名信息。

应届本科毕业生预报名时间：每年 9 月 28～29 日。

（2）现场确认。考生本人需带以下材料到各省（市、自治区）高校招生办公室指定的报名点办理确认报考资格、缴费和采集数码照片等手续：

1）所有考生必须持本人第二代居民身份证原件；

2）应届生需持所在学校注册有效的学生证，往届生需持毕业证书，以同等学力资格报名者除上述证件外，还必须验交 CET 四级证书原件和复印件，并提供以第一作者在核心期刊上发表的专业学术论文原件和复印件；

3）参加单独考试的考生需另持所在单位同意并加盖公章的《委托培养硕士研究生推荐信》和由两名具有高级专业技术职务的专家填写并签名、盖章的《专家推荐书》。

报名过程中需注意以下环节：

1）报名时必须本人亲自到场，现场采集数码照片；

2）考生在网上报名时务必按要求在相应的栏目内正确填写报考的院系（所）、所报考的专业（专业有说明时必须填写研究方向）、选考科目及其对应的代码；

3）考生所提供的本人（及所属单位人事档案主管部门）通信地址、邮政编码及电话必须准确无误。

4. 初试

（1）初试时间。按教育部统一规定的时间，一般在每年的 1 月份，具体时间详见每年考试安排（考生准考证上有相应信息）。

（2）初试科目。考试科目一般为思想政治理论、外国语、数学和专业基础课，共 4 门。

各科的考试时间均为 3 小时，思想政治理论、外国语满分各为 100 分，数学和专业基础课满分各为 150 分，总分为 500 分。

思想政治理论、英语、数学均为全国统考科目，由教育部考试中心统一命题，考试大纲由教育部制定，具体考试范围参考国家统一制定的考试大纲。

专业基础课由各招生单位自行命题。

（3）考试方式。目前初试阶段各科考试科目均为笔试。

（4）初试地点。考生在报名点指定的考试地点参加考试。

5. 复试

各招生单位根据国家录取政策、招生规模及考生初试成绩、学习经历、身体状况等进行综合分析后确定参加复试名单。一般实行差额复试方式。考生届时自行在各学校研究生处网站查询是否获得复试资格。获得复试资格的考生在复试前向各招生单位的网站提交复试科目等信息，并自行打印《复试通知书》。复试的具体要求如下。

（1）复试时间一般为每年 3 月下旬（具体时间各学校自定）。

（2）复试形式一般采取笔试、口试、实验技能测试等方式或综合形式进行差额复试。

（3）复试内容一般包括外语口语与听力、专业外语、专业课和专业综合等，详见各招生单位的招生简章专业目录的复试部分。

（4）复试笔试科目详见各招生单位的硕士生招生学科、专业目录。

（5）专业课的考试形式和内容由各招生单位的各学科专业委员会根据各专业实际情况自行确定，考试内容为结合专业培养要求及其他知识和能力的考核统筹考虑后确定。

（6）复试前将对考生的第二代居民身份证、学历证书、学生证等报名材料原件及考生资格进行审查。

（7）同等学力考生，还需另外加试所报考专业的大学本科主干课程，其中笔试科目不少于 2 门。加试科目为指定科目，一般在复试通知书中说明。

6. 调剂

对合格生源不足的学科专业，可以在校内、外相同或相近专业合格生源中进行调剂录取，但不允许跨学科门类调剂。调剂服务系统流程如图 5-2 所示。

（1）第一志愿没有被招生单位录取的上线考生，均可参加网上调剂。

（2）所有需要调剂的考生均必须通过网上填报调剂志愿。考生凭网报时注册的用户名和密码登录“中国研究生招生信息网”的网上调剂系统，进行网上填报调剂志愿。

（3）参加调剂的考生每人可以在网上填报两个平行调剂志愿，确定后的调剂志愿在 48 小时内不允许修改（两个志愿单独计时），以供招生单位下载志愿信息和决定是否通知考生参加复试。48 小时后，考生可以重新填报调剂志愿。

（4）考生在网上填报调剂志愿时，选择调剂的招生单位、专业科类与自己的考试成绩必须符合国家的调剂政策，否则将无法提交。

（5）请调剂考生注意浏览各招生单位公布的调剂方法和复试通知。

（6）确认提交调剂志愿后，招生单位将尽快反馈是否参加复试的通知。考生应及时登录调剂系统，查看志愿状态和招生单位的反馈通知。如果收到复试通知，则考生按照招生单位的调剂要求办理相关手续。

（7）复试没有通过的考生可以继续参加调剂志愿的填报。

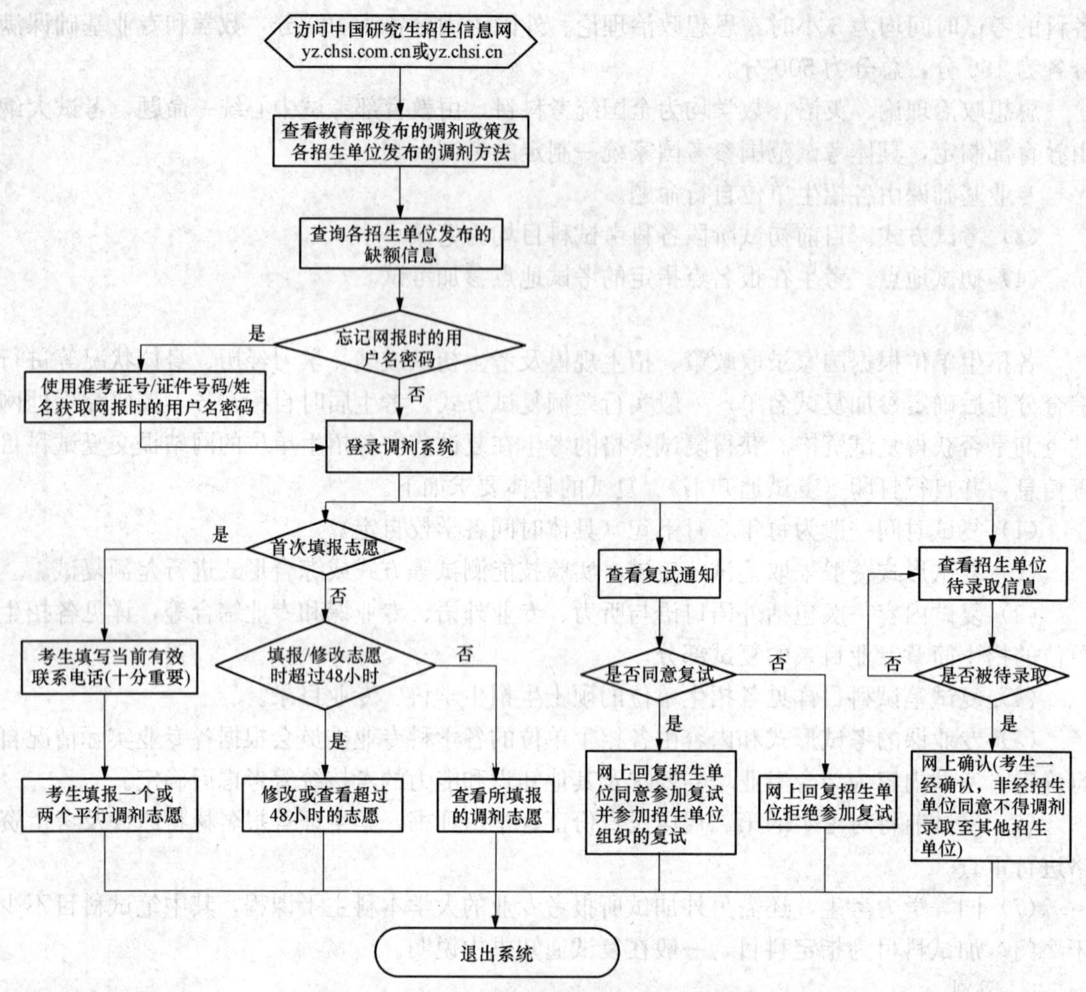

图 5-2 全国硕士生招生调剂服务系统流程图

(8) 知道成绩后（不管是否上线）马上到有关网站发布调剂意向，并且经常刷新。

调剂复试的具体要求和程序均以初试结束后教育部发出的当年录取工作通知的规定为准，届时，考生通过“中国研究生招生信息网”调剂服务系统填写报考调剂志愿。

7. 体检

所有参加复试考生均需在复试阶段在各招生单位指定的医院进行体检。体检标准参照教育部、卫生部、中国残疾人联合会修订的《普通高等学校招生体检工作指导意见》。不参加体检或体检不合格者不予录取。

8. 录取

各招生单位根据国家下达的招生计划和考生入学考试（包括初试和复试）成绩，结合考生已有学习或工作业绩、身体状况等整体素质和政审结论，在招生计划内择优录取。对未通过复试，但达到教育部的初试科目复试分数线者，可自愿调剂到其他学校录取。参加全国统一考试的考生可录取为非定向硕士生、委托培养硕士生和自筹经费硕士生。

(1) 非定向硕士生。非定向硕士生在录取时不确定未来的工作单位，毕业后在国家就业政策指导下双向选择，自主择业。

（2）委托培养硕士生。委托培养硕士生在学期间不转工资关系和人事档案，毕业后回委托培养单位工作。

（3）自筹经费硕士生。自筹经费硕士生参加全国统考或联考，执行统一的录取标准。人事档案转入学校，由学校根据国家就业政策提出就业意见并予以推荐，学校所在省（市、自治区）毕业生调配部门负责派遣。

需要特别注意的是，委托、自筹培养硕士研究生，需在录取前签订定向、委托、自筹培养协议书；拟录取的非委培、非定向硕士研究生，需调档审查合格后，发给录取通知书。参加单独考试的考生，只能录取为回原工作单位的委托培养硕士生。录取通知书一律通过邮局寄送，不接受直接领取。

第二节　工程造价专业的就业

一、工程造价专业的就业前景

大学生应从大学一年级就开始做专业规划。所谓专业规划，指的是在对自己所学专业有较清晰认识的基础上，对自己未来的就业或考研方向有一个定位，以及在求学过程中应采取怎样的方法去接近自己规划的目标。在这方面，有很多未雨绸缪的做法，如学习期间到相关行业参观实习、考取相关的职业证书、提前参加行业招聘会、听取业内知名人士的经验、向已经工作的师兄师姐取经等都可以为自己的专业规划提供参考。如果没有适合自己的专业规划，没有系统的、充分的准备，无论对今后的就业还是对考研都是不利的。

二、工程造价专业的就业岗位

工程造价专业是教育部根据国民经济和社会发展的需要而新增设的热门专业之一，是以经济学、管理学为理论基础，以工程项目管理理论和方法为主导的社会科学与自然科学相交的边缘学科，旨在培养掌握工程造价管理的基本理论与方法，具备从事工程造价的确定和分析、工程预算和竣工决算的编制、工程招标投标和合同管理、投资控制、房地产估价等基本技能的高等工程技术应用型人才。总体来说，工程造价专业学生就业领域相当广泛，大致可以分为以下 5 类。

1. 建设单位

（1）建设单位的职能。建设单位（也称“业主”或“甲方”）是国家基本建设计划的执行者，是基本建设投资的使用者，是工程建设的组织者和监督者，同时又是建成工程的使用者，在整个基本建设中起主导作用。

基建处是负责管理建设单位基本建设的行政职能部门。具体职能包括：按照单位确定的发展规划，负责向上级管理部门申报建设项目的立项、编制基建计划并办理项目报批手续；负责实施项目建设的前期准备、施工项目管理及竣工验收和资料归档，代表单位负责项目建设的进度控制、质量控制和投资控制；负责建设项目的数据统计和基建财务管理；负责单位建筑物和基础设施的修缮管理工作。建设单位项目管理组织机构如图 5-3 所示。

（2）建设单位造价人员的具体工作。

1）在工程开工之前，根据工程图，做好项目的预算工作；对整个项目的分部分项工程量进行统计，并根据市场行情，对项目成本做出合理的估计；公开招标的工程，需算出工程的招标控制价；为工程招标投标做出相应的准备。

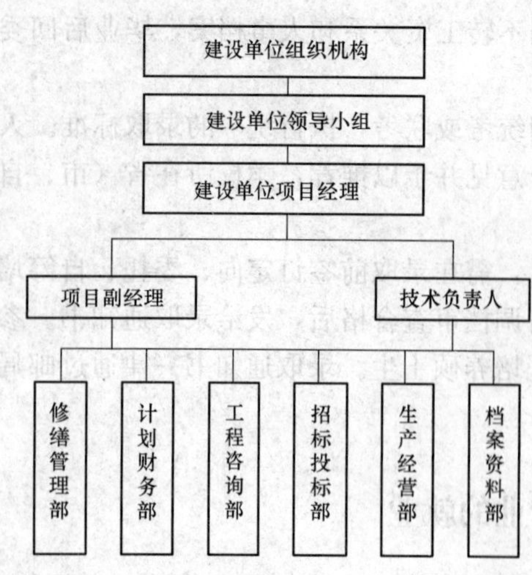

图 5-3 典型建设单位项目管理组织机构图

2）工程开工后，根据工程的进度做好相关的统计工作，如各种经济类台账等，并及时上报给公司相关合同预结算部门，让公司决策层对项目资金需求量及使用情况有个详细了解。

3）对施工单位、材料供应商的经济报表或者工程量结算单进行审核，主要审核依据相应合同、工程图、定额等。

4）为公司洽谈施工发包合同、材料采购合同等提供智力支持，必要时多渠道询价。

5）工程结束后，审核施工单位的竣工决算，并配合做好审计工作。

相对于施工单位造价人员，建设单位造价人员项目前期工作量比较多，工程进展过程中，主要侧重于审核工作。

2. 施工单位

（1）施工单位职能。施工单位是工程造价专业本科毕业生就业的主要渠道之一。施工单位也称“乙方”，是指建筑工程的总承包单位或分包单位、劳务分包单位。如果工程项目由建设单位直接施工，那建设单位也可以称为施工单位。施工单位具体职位：经理级别的有商务经理，主管级别的有经营主管、财务主管、科员有预算员、施工员、材料员、安全员、资料员、质检员、试验员等。施工单位项目管理组织机构如图 5-4 所示。

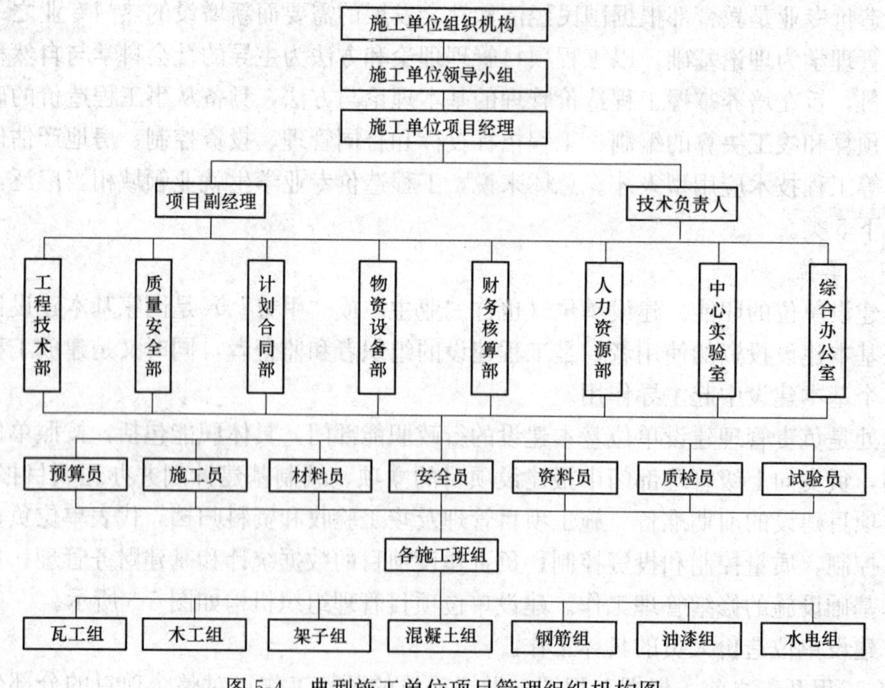

图 5-4 典型施工单位项目管理组织机构图

（2）施工单位造价人员的具体工作。

1）招标投标阶段的造价管理。工程造价人员负责商务标投标文件的编制，在编制投标文件前应逐条研究招标文件，摸清招标人的要求及意图；进行现场勘察，充分理解、掌握招标图纸的范围、主要工作内容，归纳总结工程的重点、难点部分；了解现场施工条件及物资供应状况、劳动力状况等；协助技术人员确定主要施工方法，安排施工进度计划等；结合企业定额、市场价格信息最终做出合理的报价。

2）施工阶段的造价控制。施工阶段是资金投入最大的阶段，是合同的具体化，是招标投标工作的延伸。为控制工程造价，造价人员应协同技术人员从技术措施上展开项目投资的有效控制，确定能合理地利用人力、财力、物力资源，并且使造价最低；对主要施工技术方案做好论证的基础上，广泛应用新材料、新工艺、新办法等，想方设法在技术上实施项目投资的有效控制；此外，工程造价人员还应协助资料员搜集整理工程变更、工程签证方面的资料，为工程结算打下一个良好的基础。

3）竣工阶段的成本控制。施工单位的竣工结算是施工企业按照合同规定的内容全部完工，交工后与建设单位按照合同约定的合同价款及合同价款调整内容进行的最终工程价款结算。这就要求造价人员认真复核施工过程中出现的设计变更、施工签证、索赔事项及材料、设备的认价单并将其量、价分别与工程实际和市场价格进行对比分析，实事求是地进行统计分析，不能照搬招标控制价或报价的模式，要做出真实反映工程实际费用开支的计价文件；同时要从竣工结算中总结经验，吸取教训，为今后的工程造价管理工作积累基础资料，建立工程造价资料数据库，正确分析和判断工程造价的发展趋势，预测工程造价。

此外，工程造价毕业生在施工单位还可从事施工管理、材料管理、安全管理、资料管理、质量管理等相关工作。

3. 房地产企业

（1）房地产企业职能。房地产企业，是指从事房地产开发、经营、管理和服务活动，并以营利为目的进行自主经营、独立核算的经济组织。目前，房地产业已成为影响我国国民经济增长与社会发展的重要产业。从经营内容和经营方式角度划分，房地产企业主要可以划分为房地产开发企业、房地产中介服务企业和物业管理企业等。

房地产开发企业是以营利为目的，从事房地产开发和经营的企业，其主要业务范围包括城镇土地开发、房屋营造、基础设施建设及房地产营销等经营活动。

房地产中介服务企业包括房地产咨询企业、房地产价格评估企业、房地产经纪企业等。

物业管理企业指以住宅小区、商业楼宇等大型物业管理为核心的经营服务型企业。这类企业的业务范围包括售后或租赁物业的维修保养、住宅小区的清洁绿化、治安保卫、房屋租赁、居室装修、商业服务、搬家服务及其他经营服务等。

工程造价的毕业生可以在房地产企业从事招标造价部的合同及招标管理工作、概预算工作；从事资产或物业管理工作、财务管理工作及审计工作等。常见房地产企业组织机构如图5-5所示。

（2）房地产企业造价人员的具体工作。

1）在项目立项进行可行性研究的阶段，造价人员的主要工作是可行性分析，包括市场分析评估、估算投资等，协助项目策划人员完成对项目的全程策划；设计阶段造价人员的主要工作是编制概算，设计经济效果分析控制；施工阶段，进行招标投标报价、控制投资，编制、审核预（决）算等。

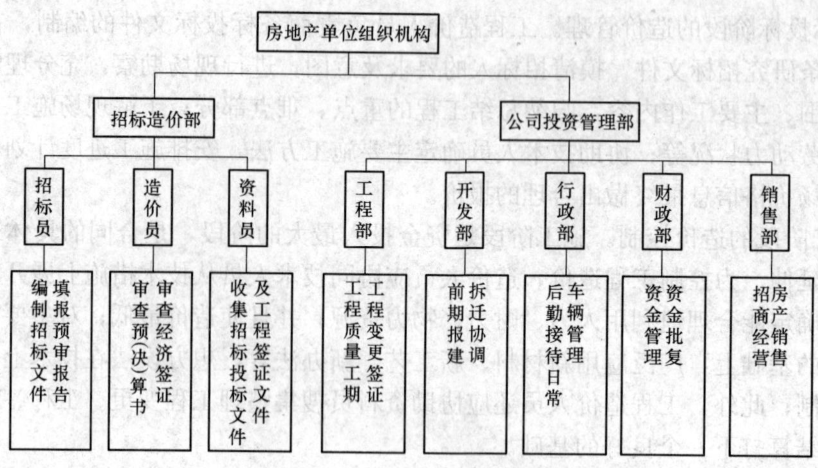

图 5-5　典型房地产企业组织机构

2）为项目投资融资提供智力支持。造价人员要全面了解银行贷款、房地产信托、上市融资、债券融资等投资融资主要渠道，熟练掌握投资融资运作的相关规则和技术方法，能够根据具体的项目制订不同的融资方案，计算融资成本，预测融资状况对项目的影响，并估计项目的赢利水平，为项目的投资决策及项目实施过程的成本控制提供对策和依据。

工程造价专业毕业生在房地产企业还可从事资产评估、置业顾问和中介经纪人等职务。

4. 咨询和监理单位

(1) 工程造价咨询机构造价人员的具体工作。造价咨询机构是指具备工程造价咨询、工程建设招标控制价编制、工程招标投标全过程代理资格的专业性工程机构。该机构实行董事会领导下的总经理负责制，下设总工程师办公室、市场部、招标投标代理部、工程造价咨询部和综合事务部等部门及分支机构。

工程造价的毕业生可以任职于招标投标代理部、工程造价咨询部，从事以下工作：

1）建设项目建议书与可行性研究及投资估算的编制、审核及项目经济评价；

2）财政投资评审；

3）各类土木工程、市政工程、线路管道和设备安装工程及装修工程招标代理；

4）与工程建设有关的重要设备、材料采购招标代理；

5）工程概算、预算、结算、竣工结（决）算、工程招标控制价、投标报价的编制和审核；

6）提供建设项目各阶段工程造价监控及工程索赔业务服务；

7）接受司法机关、仲裁机构委托对工程经济纠纷进行鉴定；

8）建筑工程顾问，提供评估、招标及工程造价信息咨询服务、技术咨询等。

工作内容从项目可行性研究到项目投资估算，从招标代理到项目管理，从招标控制价编制到工程造价监控，从工程造价审计到投资完成情况审计，涉及工程咨询的各个领域。

(2) 监理企业造价人员的具体工作。具有一定资质的监理企业可接受建设单位委托开展工程前期工作、规划咨询、编建议书、编可行性研究报告、评估咨询、招标代理及项目后评价等工作，也可承接各类工程设计和施工监理，主持各种类型工程招投标业务，编审各类工程的预、结算和招标控制价等。工程造价人员可以对建设单位委托的工程项目投资决策、可行性研究、项目评估提供科学的、可靠的咨询服务，对建设单位委托的工程建设监理项目的投资、质量、进度进行有效的控制与监管。

工程造价本科毕业生初期可以在监理单位担任监理员，完成以下工作：

1）在监理工程师的指导下开展现场监理工作；

2）负责施工单位提交的开工报告、施工组织设计、技术方案、进度计划的初审工作；

3）检查施工单位投入工程项目的人力、材料、主要设备及其使用、运行状况，并做好原始检查记录；

4）负责工程计量工作，审核工程计量的数据和原始凭证；

5）对施工单位的施工工艺或施工工序进行检查、巡视和记录；

6）担任旁站工作，发现问题及时指出，并向专业监理工程师报告；

7）负责分项工程验收及隐蔽工程验收，参与工程项目的竣工验收；

8）协助监理工程师进行工程质量事故的调查；

9）做好监理日志并按照专业监理工程师的要求做好监理工作总结。

工程造价本科毕业生在取得高级专业技术职称，或取得中级专业技术职称后具有3年以上工程设计或施工管理实践经验时，可以报名参加监理工程师考试，取得《监理工程师执业资格证书》，并注册登记从事工程建设监理工作。

5. 其他机构相关职位

（1）定额办、造价总站。收集、整理、发布工程建设价格要素信息和工程造价指数，建立省级建设工程造价数据库，负责对建设工程造价咨询机构及从业人员的日常管理服务工作，负责调解有关建设工程造价方面的争议和纠纷，指导各市（区）建设工程造价管理机构的业务工作。

（2）建筑市场监管处。负责相关省市注册监理工程师、注册建造师、注册造价工程师的管理，负责进出省建筑施工、监理、招标代理、造价咨询企业的管理。

（3）建设工程招标投标管理办公室。负责贯彻建设工程招标投标的法律、法规、规章和政策，并组织实施与管理，监督发包承包合同与招标投标文件是否一致，监督规范有形市场的服务，全省建设工程招标投标的统计工作，及时发布工程项目及招标投标的动态信息。

（4）设计单位。对于大型的设计单位一般都设有经济部门，也是工程造价的学生就业的一个途径。造价人员在此从事工程项目初步设计概算、预算、工程量清单计价（预算）、工程投标报价、工程预算审计、结算或决算审计，总承包项目现场费用控制等工作。

（5）建设银行工程造价中心。建设银行为了适应形势的发展，凭借其长期代行国家财政职能——从事固定资产投资管理和工程造价预（结）算审查业务所拥有的各类资源优势，组建起了提供工程建设监理、工程招标代理、工程造价咨询以及建设工程项目建议书和可行性研究报告编制等工程咨询类服务的中介咨询机构。主要业务范围应包括编制工程招标控制价、代审工程造价、接受委托代理工程监理、代理工程保险、建设项目可行性研究和评估、房地产估价、提供工程造价市场信息、受理法院及工商等部门的委托鉴定工程造价、人才培训等。

（6）教育工作。工程造价专业的毕业生（研究生）可以留在高校或职业类学校从事工程造价相关专业的教育教学工作。

（7）招标投标代理机构。招标代理机构是依法设立、从事招标代理业务并提供相关服务的社会中介组织。工程造价专业的毕业生可以在招标投标代理机构从事招标代理业务，即接受招标人委托，组织招标活动。具体业务活动包括帮助招标人或受其委托拟定招标文件，依据招标文件的规定，审查投标人的资质，组织评标、定标等；提供与招标代理业务相关的服务，即提供与招标活动有关的咨询、代书及其他服务性工作。

（8）软件开发公司。工程造价的学生由于具备大量的工程计量与计价的相关专业知识，可以在软件开发公司从事工程造价管理相关软件的开发应用和技术支持等工作。

三、工程造价专业的就业准备

随着市场经济的发展，社会为大学生提供了广阔的就业天地，同时也伴随着激烈的竞争与挑战。因此，大学生应该充分做好就业的准备工作，主动适应社会的需要。中国有句成语叫"未雨绸缪"，意思是事先准备好，防患于未然。怎样做好就业的准备工作，是每个大学生必须认真思考的问题。对工程造价专业的大学生来说，可以从以下几个方面为就业需要做准备。

1. 确定合理的就业目标

设定合理的就业目标应主要从两个方面考虑。

（1）专业对口。对于一个特定专业的大学生，最大的可能是从事与所学专业相关的职业。因此，大学生应把能充分运用自己所学专业知识的职业作为自己就业的主要目标，这既符合学校教育的培养目标，又能充分运用自己的专业知识，发挥专业特长。工程造价专业的毕业生对口专业比较丰富，主要分为5个方面，前文"工程造价专业的就业岗位"一节已经做了详细介绍。

（2）专业扩展。社会职业结构在不断变化，对人才的需求结构也随之不断变化，就业形势就会相应发生变化。这就要求工程造价专业大学生在学好本专业知识的同时，根据社会的就业热点和自己的兴趣、特点，自学相关学科的理论知识，丰富自己的知识储备，扩展适合自己能力的其他就业目标。

2. 知识、能力和技能准备

工程造价专业的职业类型最终可以归结为两类，即技术型和管理型。技术型岗位主要从事具体工程的技术内容，包括处理工程数据、处理经济数据等，要求有扎实的技术理论基础和技术能力；而管理型岗位主要从事工程造价全过程管理工作，要求有广泛的知识面和管理能力。但不论什么岗位，一切职业都要求从业者具有相应的知识、能力和技能。

（1）知识。知识是人类的认识成果，来自社会实践。其初级形态是经验知识，高级形态是系统科学理论，知识的总体在社会实践的世代延续中不断积累和发展，是我们工作与生活的基础。工程造价专业的知识体系参见第一章第五节的介绍。

（2）能力。能力是顺利完成某种活动所必需的主观条件，是直接影响活动效率的个性心理特征。能力一般指自学能力、表达能力、环境适应能力、创造能力、自我教育能力、管理能力和动手能力等。为了提高自己各方面的能力，要多参加有益的校园文体活动、社会实践活动，在活动中不断提高能力。在校期间通过国家英语四级、六级考试和计算机二级考试，获得各种证书、奖励和发表的作品等都会为求职择业增添亮点，为就业奠定坚实的基础。

（3）专业技能。技能是掌握和运用专门技术的能力，只有通过动手练习才能掌握其中的技巧。在大学期间要重视实验、实习和实践训练环节，积极参加各种级别的学科竞赛，如果能设计出作品或者发表论文对以后择业都是非常有帮助的。尤其是参与全国性的科技活动竞赛，是展示学生自身综合能力的重要舞台，应该给予足够的重视（参见第四章第五节关于工程造价课外科技活动的介绍）。

3. 树立良好的就业意识

树立良好的就业意识，是就业准备的重要内容，它将对择业和就业产生十分重要的影响。那么，当今大学生应该树立什么样的就业意识呢？除了应该树立专业就业的意识外，大学生还应该树立对口就业的意识，到艰苦行业、边远地区就业的意识，先就业后调整的就业意识，自主创业的就业意识等。在市场经济条件下，大学生就业主要在人才市场进行“双向选择”，这就要求大学生了解社会中各种职业的性质和价值，学习在市场竞争中求职择业的技能和技巧，做好进入人才市场，参加“双向选择”的准备。

什么样的大学生，用人单位最欢迎呢？北京高校毕业生就业指导中心曾对150多家国有大中型企事业单位、民营及高新技术企业的人力资源部门和部分高校进行调查，调查问卷显示，以下几类求职大学生更容易得到用人单位的青睐。

（1）认同企业文化。企业文化是企业生存和发展的精神支柱，员工只有认同企业文化，才能与公司共同成长。某世界500强公司人力资源部的负责人介绍说：“我们公司在招聘时，会重点考查大学生求职心态与职业定位是否与公司需求相吻合，个人的自我认识与发展空间是否与公司的企业文化与发展趋势相吻合。”

北京高校毕业生就业指导中心有关专家提示：“大学生求职前，要着重对所选择企业的企业文化有一些了解，并看自己是否认同该企业文化。如果想加入这个企业，就要使自己的价值观与企业倡导的价值观相吻合，以便进入企业后，自觉地把自己融入这个团队中，以企业文化来约束自己的行为，为企业尽职尽责。”

（2）有团队归属感。有团队归属感的员工，更容易对企业表现出忠诚。而员工对企业忠诚，表现在对团队事业成功的兴趣，认认真真地工作，踏踏实实地做事，成为一个值得信赖的人、一个企业乐于合作的人、一个最能实现自己理想的人。

北京高校毕业生就业指导中心有关专家提示：“企业在招聘员工时，除了要考查其能力水平外，个人品行是最重要的评估方面。没有品行的人不能用，也不值得培养。品行中最重要的一方面是对企业的忠诚度。那种既有能力又忠诚企业的人，才是每个企业需要的最理想的人才。”

（3）具备良好的综合素质。某知名企业人力资源负责人曾表示：“我们公司不苛求名校和专业对口，即使是比较冷僻的专业，只要学生综合素质好，学习能力和适应能力强，遇到问题能及时看到问题的症结所在，并能及时调动自己的能力和所学的知识，迅速释放出自己的潜能，制订出可操作的方案，同样会受到欢迎。”

（4）具有良好的职业素质。刚毕业的大学生在工作中遇到问题或困难是，不能及时与同事沟通交流，不善于团队合作，甚至对于所从事的工作没有基本的尊重，缺乏敬业精神和职业素质。某公司的人力资源人士说：“企业希望学校对学生加强社会生存观、价值观的教育，加强对学生职业素质、情商、适应能力和心理素质的培养。有了敬业精神，其他素质就相对容易培养了。”

（5）过硬的专业技术能力。北京某公司人力资源部经理介绍说：“专业技能是我们对员工最基本的素质要求，公司招聘造价人员时更是注重应聘者的技术能力。在招聘时应聘者如果是同等能力，也许会优先录取研究生。但是，进入公司后学历高低就不是主要的衡量标准了，会更看重实际操作技术，谁能做出来，谁就是有本事，谁就拿高工资。”

（6）良好的工作状态。热情是一种强劲的激动情绪，是一种对人、对工作和信仰的强烈情感。某公司的人力资源部人士表示：“我们在对外招聘时，特别注重人才的基本素质。除了要求求职者拥有扎实的专业基础外，还要看他是否有工作激情。一个没有工作激情的人，我们是不会录用的。”

北京高校毕业生就业指导中心有关专家提示：“没有工作热情的员工，不可能高质量地完成自己的工作，更别说创造业绩。只有那些对自己的愿望有真正热情的人，才有可能把自己的愿望变成美好的现实。”

阅读材料

某工程造价咨询公司业务介绍

一、前期业务

1. 项目决策阶段

编制（或审核）项目投资估算及经济、财务评价，满足项目审批和投资控制的要求。

2. 方案设计阶段

提供成本信息，参与设计方案分析和论证，运用价值工程进行方案比选，最大化地平衡资金、生命周期、使用成本，在此基础上完成目标成本测算。

3. 初步设计阶段

在审核设计概算的基础上进行成本分解，协助限额设计，就可能超出各项目标成本预算，以及不能使投资的价值最大化的地方，向客户提出建议。

4. 施工图设计阶段

编制或审核施工图预算，与批准的设计概算和目标成本进行对比，对设计不合理的地方提出建议。同时，协助业主编制工程变更控制管理办法。

二、中期业务

1. 招标阶段

就招标信息的形式和内容提出建议，用于招标总承包商、分包商、供应商；分标段编制（或审核）招标工程量清单和招标控制价；审核投标报价（清标）；结合设计文件、施工现场条件和现行法律、政策，提出合同谈判和造价控制建议。为建设项目勘察、设计、监理、施工、设备材料采购提供招标代理服务。

2. 施工准备阶段

基于业主内部、参建单位和工程实际，协助业主编制工程造价控制流程制度；根据现行法律、法规和已签订的合同，结合工程建设条件，分析工程造价管理风险，提出风险分摊和控制建议。

3. 施工阶段

重点控制工程变更、现场签证、工程索赔、材料（设备）质量和价格、工程进度资金计划和拨付；定期就实际成本与目标成本（合同价）进行对比分析，对出现的偏差和风险提出建议。

三、后期业务

1. 竣工阶段

审核竣工验收条件和资料的完整性、规范性、真实性；审核竣工结算编制与招投标和合同约定的结算原则一致性；审核工程结算造价计算的合理性和准确性；审核工程结算造价与合同价、目标成本的执行偏差，出具竣工结算报告，在此基础上进行财务决算编制或审计，评价投资效益。

2. 接受国家审计机关和政府监督机关委托

对政府投资项目的建设管理、质量、造价、资金（财务）、效益审计，揭示工程建设管理问题，为政府投资管理提出建议。

3. 接受司法机关委托

对工程造价纠纷进行司法鉴定，协助委托诉讼，提供客观、公正的鉴证报告。参与建设项目管理审计、项目管理制度设计咨询、工程造价相关政策法规咨询。

思考题

章末习题检测

扫描二维码，查看分享内容

1. 目前我国硕士研究生分为哪几种类型？

2. 报考硕士研究生的条件有哪些？

3. 工程造价专业的学生毕业后可以从事哪些岗位的工作？请结合个人的兴趣与特点对自己未来的工作岗位进行展望。

4. 与同学讨论我国工程造价专业的就业现状与前景，并分析自己应该做出怎样的准备。

5. 完成大学专业学习后，你是准备参加硕士研究生的学习，还是选择单位就业？自己应该从哪些方面考虑？

第六章 工程造价行业发展与趋势

第一节 行业发展历程与现状

一、行业发展历程

我国建设工程造价从无到有、从不健全到逐步健全，经历了很长一段时间。新中国成立之后至改革开放以前，我国工程造价管理模式一直沿用着苏联模式——基本建设概预算制度。改革开放后，我国工程造价管理历经了计划经济时期的概预算管理、工程定额管理的“量价统一”、工程造价管理的“量价分离”，目前已逐步过渡到以市场机制为主导、由政府职能部门实行协调监督、与国际惯例全面接轨的全新管理模式。工程造价行业的发展历程大致上可以划分为以下几个阶段。

第一阶段，初级阶段（1949～1980 年）。

这一阶段又包括两个时期。从新中国成立初期到 20 世纪 50 年代中期，是无统一预算定额与单价情况下的工程造价计价模式时期。这一时期主要是通过设计图计算出的工程量来确定工程造价。当时计算工程量没有统一的规则，只是有估价员根据企业的累积资料和本人的工作经验，结合市场行情进行工程报价，经过和业主洽商，达成最终工程造价。

从 20 世纪 50 年代到 70 年代初期，是有政府统一预算定额与单价情况下的工程造价计价模式时期，基本属于政府决定造价。这一时期延续的时间最长，并且影响最为深远。当时的工程计价基本上是在统一预算定额与单价情况下进行的，因此工程造价的确定主要是按设计图及统一的工程量计算规则计算工程量，并套用统一的预算定额与单价，计算出工程直接费，再按规定计算间接费及有关费用，最终确定工程的概算造价或预算造价，并在竣工后编制决算，经审核后的决算即为工程的最终造价。

这种为适应 20 世纪 50 年代初期大规模的基础建设而建立工程造价体系，后来经过长期的工程实践，形成了具有计划经济特色的工程造价管理体系并且日臻完善，对合理确定和有效控制造价起到了积极的作用。

第二阶段，发展阶段（1980～2003 年）。

（1）管理模式及特点。这一时期是我国工程造价咨询行业初步形成的时期。改革开放后，中国学习西方发达国家的工程咨询方法和模式，在计划经济体制向市场经济体制的转变过程中，工程造价咨询得到了迅速的发展，并先后确立了咨询机构及相应的专业人士制度。这一时期的工程造价管理主要特点是：从建设项目设计任务书（或可行性研究报告）投资估算、初步设计概算到施工图预算直至预算的执行，实施全过程管理，在施工过程中，控制设计变更，健全设计变更审批制度等。

（2）管理组织与职责。随着经济体制改革和对外开放的实行，学习国外先进经验，以往项目决策失误带来严重损失的做法引起人们的深刻反思，决策民主化被提到议事日程上来。1982 年，国家计委要求重视投资前期工作，明确规定把可行性研究纳入到基本建设程序中。1983 年，国家计委颁发了《基本建设设计工作管理暂行办法》。1985 年，我国政府又决定对项目实行“先评估、后决策”的制度，规定建设项目，特别是大中型基本建设项目和限额以上技术改造项目，都必须经过有资格的咨询公司的评估论证，才能决定是否将其纳入国家计划。

随着改革开放的推进，建设银行不仅从事对国家投资项目的“三算”审核与控制，1986年又推出了《办理咨询服务业务的暂行规定》，开展包括其他非国家投资项目的工程概预算、标底、施工结算的编制、审核业务，成立了一些涉及工程造价咨询服务业务的咨询部、事务所等开展相应的工程造价咨询服务业务。

1990年7月，经中华人民共和国建设部同意，民政部核准登记，中国建设工程造价管理协会（China Engineering Cost Association）正式成立。该协会是由工程造价咨询企业、工程造价管理单位、注册造价工程师及工程造价领域的资深专家、学者自愿结成的全国行业性的非营利性的社会组织，向政府及其有关部门反映工程造价行业和会员的建议及诉求，规范工程造价咨询行业行为，引导会员遵守职业准则，推动行业诚信建设，为合理确定和有效控制工程造价、提高投资效益，发挥了桥梁和纽带作用。

（3）计价依据。十一届三中全会以后，1979年国家重新颁发了《建筑安装工程统一劳动定额》，规定地方和企业可以针对统一劳动定额中的缺项，编制本地区、本企业的补充定额，并可在一定范围内结合地区的具体情况作适当调整。1986年，城乡建设环境保护部修订颁发了《建筑安装工程统一劳动定额》。1995年，建设部又颁布了《全国统一建筑工程基础定额》。之后，全国各地都先后重新修订了各类建筑工程预算定额，使定额管理更加规范化和制度化。

1986年，国家计委提出《关于加强工程建设标准定额工作的意见》，明确工程建设标准定额工作是政策性、技术性、经济性很强的工作。它为设计、施工、竣工验收提供科学的依据，为建设项目评估决策、控制项目投资、确定工程造价、检查监督工程质量提供合理的尺度，是搞好基本建设管理的一项很重要的基础，也是提高投资效益、促进技术进步的一个重要环节，同时要求各类标准定额基本配套。

1988年，国家计委发出《关于控制建设工程造价的若干规定》，要求建立健全各有关单位的造价控制责任制，从建设项目设计任务书（或可行性研究报告）投资估算、初步设计概算到施工图预算直至预算的执行，实施全过程的严格控制和管理，并对有关事项分别做了规定：在施工过程中，要严格控制设计变更，健全设计变更审批制度；由于设备、材料价格变动，设计修改等因素影响工程造价增加的费用，在签订承包合同时，应区别工程特点、工期长短，合理确定包干系数，进行包干；为了充分发挥市场机制、竞争机制的作用，促使施工企业提高经营管理水平，对于试行招标承包制的工程，将原施工管理费和远征施工增加费、计划利润等费率改为竞争性费率。与此配套建设银行继1984年的规定又发布了《建设工程价款结算办法》，明确了预付备料款、中期结算、竣（完）工结算等办法。

（4）管理制度。1998年《中华人民共和国建筑法》（1998年3月1日起施行），1999年《中华人民共和国招标投标法》《中华人民共和国合同法》相继颁布。随着改革开放的深入，工程招投标制度、工程合同管理制度、建设监理制度、项目法人责任制等工程管理基本制度的建立，以及工程索赔、工程项目可行性研究、项目融资等新业务的出现，客观上需要一批同时具备工程计量与计价，通晓经济法与工程造价的管理人才在投资等经济领域进行项目管理。同时，为了应付国际经济一体化及我国加入WTO后市场开放面临国外建筑业进入我国的竞争压力，也必须要求这批高层次的人才通晓国际惯例。在这种情况下，我国于 1996 年开始建立既有中国特色又与国际惯例接轨的造价工程师制度，对于造价咨询业和造价工程师专业人士的管理建设部于 1996 年先后颁布了《工程造价咨询单位资质管理办法》和《造价工程师执业资格暂行制度》，审批了一批工程造价咨询单位，建立了造价工程师执业资格制度。人事部、建设部颁发〔1996〕77 号文《造价工程师执业资格制度暂行规定》，并组织了造价工程师考试试点，在总结试点经验的基础上，1998 年在全国组织了造价工程师统一考试。这两次大约有 14000 人考试合格，并获得了造价工程师执业资格证书。2000 年 1 月《造价工程师注册管理办法》（建设部第 75 号令）的公布和推行，使这项制度的建立终告完成。同年全国又有 13000 人考试合格。

第三阶段，转型发展阶段（2003 年至今）。

（1）管理模式及特点。这一阶段是中国工程造价管理与咨询逐步走向市场、走向繁荣、提供多元化服务的重要阶段。这一阶段的造价管理主要在沿袭以往造价管理模式的基础上，对定额计价模式提出了“控制量，放开价，引入竞争”的基本改革思路。同时，工程量清单计价逐渐开始推行，以“政府宏观调控、企业自主报价、市场形成价格、监管行之有效”为改革方向的工程造价管理模式逐渐成熟推广，工程造价按照计量规则标准化、计价行为规范化、造价形成市场化的原则进行计价和管理。

（2）管理组织及职能。自从国家确定建立社会主义市场经济体制的目标后，随着社会主义市场经济的建立与逐步完善，工程建设项目投资主体逐步实行了多元化，工程造价计价依据也逐步实行了动态的管理。工程造价的管理组织形成以政府行政管理、企事业单位管理及行业协会管理的管理框架。与此同时，2004 年开始实行《工程造价咨询单位管理办法》，造价咨询单位纷纷“脱钩改制”，走向市场，走出国门，改革开放工程造价行业推陈出新，扬长避短，洋为中用。20 世纪 90 年代以来，改革开放引入了大量外资和中国港澳台资参与中国的开放建设，威宁谢、利比、务藤等境外工程造价咨询企业随投资而来，带来了不同的经济模式理念和方式方法。国内也派员到境外学习了英国皇家特许测量师等专业课程并取得了相应的个人会员从业资格。

（3）计价依据。《建设工程工程量清单计价规范》（GB 50500）从 2003 版到 2008 版、2013 版，《建设工程工程量清单计价规范》成为在招投标和施工阶段工程计价的主要依据。2003 年发布的《建筑安装工程费用项目组成》，2004 年发布的《建设工程价款结算暂行办法》，2007 年出台的《标准施工招标文件》，2013 年发布新的《建筑安装工程费用构成》《建设工程发承包计价管理办法》等，一定程度上都成为工程计价必备的依据。同时，从 2012 年开始，住房和城乡建设部、各地区、行业也开始修编自身管理范围内的工程计价定额。

（4）管理制度。2003 年，建设部发布《建设工程工程量清单计价规范》（GB 50500—2003），本着“控制量，放开价，引入竞争”的改革思路，工程计价逐渐向着以市场机制为主导，由政府职能部门实行协调、监督的新管理模式方向发展。我国工程造价管理体系不断改进、不断趋于完善、不断适应社会发展。作为国家标准，《建设工程工程量清单计价规范》从 2003 年 7 月开始正式在全国实施。投标人必须在国家定额的指导下，结合工程情况、市场竞争情况及各种风险因素，以统一的工程量计算规则和统一的施工项目进行综合单价报价，并以此为竣工结算依据。《建设工程工程量清单计价规范》第一次以国家标准的形式推行工程量清单计价方法，是中国建筑业改革的一项重大举措，是工程造价行业发展的里程碑事件，不仅为建筑行业与国际接轨奠定了基础，也为建立市场形成工程造价机制发挥了一定作用。从2006年初开始，原建设部经过两年多的工作，通过调查研究、总结经验，针对2003版清单规范施行中存在的问题，反复修改、审查，完成了《建设工程工程量清单计价规范》的修订工作。住房和城乡建设部与国家质量监督检验检疫总局联合发布《建设工程工程量清单计价规范》(GB 50500—2008)，于2008年12月1日起正式施行。随着建筑业市场的发展，我国建设工程项目的参与者对于合同管理和项目管理的能力正逐步增强，对于工程量清单的应用需求也逐步增多。从2010年开始，住房和城乡建设部启动工程量清单计价规范修编工作，并从2013年7月1日起正式实施2013版《建设工程工程量清单计价规范》(GB 50500—2013)。新规范进一步推进了“政府宏观调控、企业自主报价、市场形成价格、监管合理有效”的工程造价管理机制，标志着我国工程造价管理迈入全过程精细化管理时代。

二、行业发展的现状

1996年，原建设部和人事部联合发布了《造价工程师执业资格制度暂行规定》，2018年，住建部、交通部、水利部、人社部联合发布了《造价工程师职业资格制度规定》。

(1) 形成了独立执业的工程造价咨询产业。通过多年努力，造价工程师执业资格制度和工程造价咨询制度得以顺利实施。2017年的行业统计数据显示，截至2017年年底，我国注册造价工程师人数已近18.3万人，工程造价咨询企业年产值达1469亿元人民币，其中工程造价咨询直接业务收入达661亿元人民币，被社会广泛认同且独立执业的工程造价咨询产业已形成。该产业的形成不仅为工程建设事业做出重要贡献，同时确保了投资效益、保障了工程质量与安全、维护了市场秩序，也使工程造价专业人员的社会地位得到了显著提高。

(2) 工程造价管理的业务范围得到了较大拓展。通过从业者的努力，工程造价专业已经从传统的工程计价发展为工程造价管理，该管理贯串于建设项目的全过程、全要素，乃至建设项目的全寿命周期。造价工程师的地位之所以得以迅速提高，很大原因在于我们没有将业务范围停留在传统的工程计价业务上，而是与建设项目全过程、全要素和全寿命周期管理理念很好地融会贯通。目前工程造价咨询企业的工作成就，已经得到了委托咨询方广泛、充分的肯定，在工程建设中发挥着工程管理的核心作用。

(3) 通过推行工程量清单计价制度，实现了建设产品价格属性从政府指导价向市场调节价过渡。该计价制度不仅在计价模式形式上有所改变，更重要的是通过“企业自主报价”改变了建设产品的价格属性，这标志着建设产品价格属性成功地实现了从政府指导价向市场调节价的过渡。

尽管这些成就具有划时代的意义，但是我们必须清醒地认识到当前存在的主要问题，如业务范围相对单一、狭小，具有扎实工程技术基础、系统的工程管理及工程经济理论和技能的工程造价专业人才仍很匮乏，学历教育的知识体系还不能适应行业发展的要求，传统的工程造价管理体系已经不能适应我国法律框架的构建要求、不能满足工程造价管理的发展要求，等等。这就要求我们重新审视以下核心问题。

(1) 工程造价管理的内涵和任务。工程造价管理是建设工程项目管理的重要组成部分，它是以建设工程技术和现代信息化技术为基础，综合运用管理学、经济学和相关的法律知识与技能，为建设项目的投融资管理、招投标方式的选择、合同管理、工程造价的确定与控制、建设方案的比选和优化、工程施工的成本管理及各管理要素的优化等所提供的智力服务。工程造价管理的任务是依据国家有关法律、法规和建设行政主管部门的有关规定，对建设工程实施以工程造价管理为核心的全面项目管理，重点是做好工程造价的确定与控制、建设方案的优化、投资风险的控制，从而缩小投资偏差，以满足建设项目投资期望的实现。工程造价管理应以工程造价的相关合同管理为前提，以事前控制为重点，以准确的工程计量计价为基础，通过优化设计、风险控制和现代信息技术等手段，实现工程造价控制及建设项目投资效益的整体目标。

（2）工程造价行业发展战略。一是在工程造价的形成机制方面，要建立和完善具有中国特色的“法律规范秩序，企业自主报价，市场形成价格，监管有据可依”的价格形成机制。二是在工程造价管理体系方面，要逐步适应市场化改革的要求，构建符合市场经济的工程造价管理体系。三是在工程造价咨询业发展方面，要在“加强政府的指导与监督，完善行业的自律管理，促进市场的规范与竞争，实现企业的公正与诚信”的原则下，鼓励工程造价咨询行业“做大做强，做专做精”，促进工程造价咨询业诚信经营，可持续发展。四是实施人才发展战略，要逐步开展对高等教育的指导与认证，使高等学校与时俱进地培养适应市场需要的基础人才，要加强专业人员的持续教育，适应执业和工程造价管理改革的要求。另外，要加强高端人才的交流与研讨，带动全行业持续提高行业的人才素质。

（3）工程造价管理体系。工程造价管理体系的技术体系是指建设工程造价管理的法律法规、标准、定额、信息等相互联系且可以科学划分的整体。工程造价管理体系与我国的基本法律框架、基本建设制度、投融资管理体制、审计制度等密切相关，也必须与我国的政治体制改革和经济体制改革相适应。制定和完善我国工程造价管理体系的目的是指导我国工程造价管理法制和制度设计，以便依法进行建设项目的工程造价管理与监督。规范建设项目投资估算、设计概算、工程量清单、招标控制价和工程结算等各类工程计价文件的编制。明确各类工程造价相关法律、法规、标准、定额、信息的作用、表现形式及体系框架，避免各类工程计价依据之间不协调、不配套，甚至互相重复和矛盾的现象。最终通过建立我国工程造价管理体系，提高我国建设工程造价管理的水平，打造具有中国特色和国际影响力的工程造价管理体系。工程造价管理体系的总体架构应按照以工程造价管理的法规体系为前提，以工程造价管理标准体系和工程计价定额体系为核心，以工程计价信息体系为支撑进行完善。前两项属于宏观管理的范围，以工程造价管理为目的，需要法规和行政授权加以支撑，要改变过去以红头文件形式发布规定、方法、规则等做法；后两项是服务于微观的工程计价业务，应由国家或地方授权的专业机构进行编制和管理，逐步转化为向政府提供公共服务，特别是要消除工程计价定额在工程交易阶段对工程价格确定的影响，要提供工程计价信息，特别是工程造价指数的服务，引导工程各方合理确定并调整工程价格，避免其对市场的直接干预或定价，以发挥市场在形成工程造价中的决定作用。

第二节　行业发展环境

一、宏观经济环境

工程造价行业的发展离不开宏观经济环境的繁荣，国民经济生产总值、价格水平等宏观经济指标能够一定程度上反映工程造价咨询行业的宏观经济背景。

1. 国民经济生产总值

自1978年以来，我国经济所实施的渐进式转型模式取得较大的成功，人民生活水平、综合国力得到大幅提升。2018年，我国的国内生产总值达900309亿元人民币，比2017年增长6.6%，其中第一产业增长3.5%，第二产业增长5.8%，第三产业增长7.6%。2018年全年国内生产总值增速较2017年下滑0.3个百分点。2018年是转折之年，经济转入新常态。从总体来看，社会总需求和总供给都不断增加，经济运行良好。全年全社会建筑业增加值61808亿元，比上年增长4.5%。全国具有资质等级的总承包和专业承包建筑业企业利润8104亿元，比上年增长8.2%，其中国有控股企业2470亿元，增长8.5%。

2. 价格水平

我国2018年全年消费者价格指数CPI上涨1.9%，控制在政府要求的3.5%以内，作为建筑业主要材料的钢材、水泥价格基本稳定，有些还略有下降，但劳动力成本持续上升。从2016年5月1日起，在建筑业推行的“营改增”也会对建筑成本产生影响，但总体来看整体物价基本稳定，上涨率仍在理性区间。

3. 对工程造价行业的影响

(1) 供需结构失衡，房地产行业紧缩对工程造价行业发展的影响。经过长期高速增长和经济转型，我国经济社会发展逐渐积累了新的矛盾，需求结构失衡在某些领域较为严重、产业结构亟待调整、资源环境压力不断加大、供给过度问题较为严重，这一系列矛盾和问题是中国实现可持续发展必须面对的挑战。为了限制物价特别是房地产价格的上扬趋势，对于部分一线城市国家推出了居民房屋的限购政策及四五线城市的居民房屋去库成，这对房地产市场短期内产生较大影响。供需结构失衡造成房地产市场紧缩，直接影响到建筑业及工程造价行业的发展，特别是对房地产市场提供工程造价咨询服务的企业公司受到较大影响。

(2) 固定资产投资对工程造价行业发展的影响。近年来全国固定资产投资逐年增加，伴随着我国建筑保有量的增加，大量的公共建筑存在多次循环装饰维护需求，既有建筑面临功能效用、环保节能等方面的二次改造、大修。随着我国基础设施日趋完善，基础设施的固定资产保有量逐年增加，大修、翻修、翻新改造市场逐渐形成。因而，工程造价行业业务来源在较长时间内是保持乐观的。另外，工程造价咨询服务对建筑工程的投资管理也有着极其重要的作用，可以为投资决策提供关键的参考依据。

宏观经济形势对工程造价行业影响较大，房地产建设事业的发展，对整个建筑业和工程造价业影响较大，但固定资产投资规模是增长的，固定资产投资中基本建设项目仍然是对建筑业和工程造价业的利好消息。随着建筑业行政管理和行政许可的放开，宏观经济形势对工程造价行业的影响基本还是正面的，工程造价行业应积极适应宏观经济政策的变化，采取适当措施谋求自身的进一步发展。

二、投资环境

1. 经济持续增长

经过改革开放，中国经济发展速度之快、成就之高，有目共睹。经济持续增长，中国已成为世界上第二大经济体，并随着相关的法律法规制定、市场环境改善、产业结构升级、科学技术高速发展、基础设施不断建设，使得我们的投资环境和投资效果越来越具有吸引力。

2. 政策的进一步完善

“十二五”规划为深入贯彻科学发展观，以服务经济转型需要出台了不少制度和切实有效的具体措施。首先通过完善相关法规，使各方投资有实在的强有力的制度保障，在提高效率与国际化方面，正在进行行政许可改革，促进市场活跃度，使原本烦琐的程序和手续简化透明。上海自贸区的建立和其推行的负面清单管理模式，提高了相关工作的工作效率和操作透明度，以政府的有所不为换取市场的大有作为。

3. 提升配套设施

长期以来国家对基础设施的大量投入，使得我们在公共交通设施建设包括机场建设、高铁建设、高速公路建设、港口运输建设等方面都有了很大的改观，许多重大基础建设世界瞩目、许多技术运用引领世界，但全国发展并不一致，其中沿海地区起步较早，设施较为完善，而内地和西部地区起步较晚，与沿海地区差距较大。

我国各类基础设施、固定资产保有量在不断增加，大量的公共建筑的多次循环装饰，既有建筑的功能效用、环保节能等的二次改造、大修，生产企业的技术改造、产品换代更新，建设事业仍旧繁荣。随着我国基础设施建设日趋完善，基础设施的固定资产保有量逐年增加，基础设施大修、翻修、翻新改造等市场将会得到可持续发展。

服务水准、人员技能与经济发展规模，特别是第三产业的发展程度是一致的，在高端服务领域各种服务和人员技能的水准正在逐步与国际接轨，适合于各种领域不同专业水准的服务要求和人员技能的要求。总体上工程造价业务来源在较长的时间内是能够实现保持和增长的。

三、行业政策环境

工程造价管理的法规体系主要包括工程造价管理的法律、法规和规范性文件。其中，法规体系表现在两个方面，一是宏观工程造价管理的相关制度，二是围绕工程造价行业管理的相关制度。在工程造价管理法规体系建设方面，应逐步建立包括国家法律、地方立法和部门立法在内的多层次法律框架体系。工程造价管理法律法规体系各层面的法律法规可以分为国家法律层面、国家行政法规层面、国务院部门规章和地方法规、规章。

1. 法律法规层面现状

(1) 国家法律层面。国家层面的法律有《中华人民共和国建筑法》《中华人民共和国招标投标法》《中华人民共和国价格法》《中华人民共和国合同法》《中华人民共和国政府采购法》《中华人民共和国审计法》，这些法律涵盖了工程造价管理的主要依据、管理原则和相关制度。

(2) 国家行政法规层面。国家行政法规是由国务院根据上述各项法律而进一步制定和颁布的相关法规，具体有《中华人民共和国招标投标实施条例》《中华人民共和国政府采购法实施条例》《中华人民共和国审计法实施条例》等。

(3) 国务院部门规章。住房和城乡建设部作为国家建设行政主管部门肩负着工程造价管理的立法职责，已经制定了《建筑工程施工承发包计价管理办法》《建设工程结算管理办法》《工程造价咨询资质管理办法》《造价工程师注册管理办法》等规范性文件。

(4) 地方法规和规章。由各省、自治区、直辖市依据国家法律法规和建设行政主管部门制定的行政规章制度如《江苏省建设工程造价管理办法》《四川省（建设工程工程量清单计价规范）实施办法》《天津市建筑市场管理条例》等地方法规和规定。

各层面的法律法规仍在修订和制定中，但在指导工程造价业务实践中，仍需进一步完善改进。部分法规的部分条款和内容明显滞后于国家现有宏观经济政策发展和工程造价行业的发展现状，以及国有投资项目招标控制价、工程结算审查和备案、工程经济纠纷调解等制度的设计等仍有待完善。

2. 工程造价管理标准体系

工程造价管理标准体系是以国家标准、行业标准进行规范的工程管理和工程造价咨询行为、质量的有关技术内容，包括统一工程造价管理基本标准：费用构成的基本术语；管理规范：工程造价管理项目划分和计算规则等；操作规程：各类工程造价成果文件编制；质量标准：造价质量和档案质量；信息标准：工程造价指数发布、信息交换。

随着工程造价管理标准体系建设的不断完善，为规范工程造价咨询服务行为，展现行业的专业水平、能力和形象，创造了比较充分的条件。

四、市场环境

1. 市场需求出现变动

(1) 房地产市场紧缩造成造价行业竞争和动荡加剧。前一阶段房地产市场长期快速发展造成总供给和总需求的失衡，地方政府加大保障性安置工程力度，调整完善税收政策，强化差别化住宅贷款政策，新增土地和开工率持续下滑，对建筑业相关行业包括工程造价行业影响较大。在建筑工程业务额下降的情况下，人员的流动、企业的竞争必然加剧，工程造价行业也会受到冲击。

(2) 以政府购买社会服务形式出现的造价行业业务需求逐步提高。政府通过购买社会服务替代自身承担的与工程造价有关的部分服务，按照一定的标准委托社会中介机构并进行评估履约情况来支付服务费用。目前基建项目规模、性能和功能越来越综合，有时大型综合体和工业园区已将造价咨询和其他咨询相连接，需要一个组合性的外包服务，工程咨询要完成类似项目要具备各专业的整合能力，咨询的管理要求不断提高。

(3)“住宅产业化”和“绿色建筑”对工程造价业的影响。国家目前正在大力推进“住宅产业化”建设和“绿色建筑”,“住宅产业化”是住宅建造方式的重大变革，其特点是资金和技术高度集中、大规模生产、社会化供应。对于“住宅产业化”的工程成本测算和控制对工程造价咨询企业是个新事物，需要研讨、总结并完善包括工、料、机械等在内的技术经济数据和造价咨询的操作要求、程序和措施。随着“绿色建筑”对环境和对某些建筑的强制性要求，工程造价从业人员对绿色建筑的保温节能材料和具体做法要基本掌握，要掌握其人力、材料、设备各自的价格和成本组成。

(4) 结合审计要求进行成本管理的需求影响。由于国家审计和企业内部审计实现企业现代化管理需要将工程成本管理与审计相结合，使审计和工程造价管理一样贯串项目全过程管理，专业服务方需求得到提升，工程造价进行跨专业的合作来满足和达到客户的专业需求。

2. 行业形态出现变化

(1) 对工程造价咨询企业的业态影响。随着国家基建项目资金的大量投入和房地产建设的蓬勃发展，造价咨询行业走过了黄金期，大量基建项目的开工给造价咨询企业的发展提供了良好的契机，造价咨询行业人均产值和收益比较高。相当的造价咨询企业完成了一定的积累，建立了商誉和品牌，开始走向外省市、走向全国各地，既带动了我国造价咨询行业的发展、执业水平的提高和人员的流动，也促使一部分企业开始相互合作，包括项目合作、人员合作和企业间的合作，给各地的造价咨询市场带来了较大影响，许多中小企业开始通过合作合并，解决企业规模小、管理弱、人才缺乏、品牌关注度不高等发展瓶颈。

（2）对企业成本管理业态影响。我国市场经济体制走向成熟，政府投资的工程项目造价管理执业形态有所变化，对造价从业人员提出了更高的服务内涵和服务要求。结合国家审计和企业内部审计的需要，要求工程造价专业人士熟悉工程审计与造价咨询之间的要求，同时结合企业工程成本管理加强企业内控管理，做工程项目造价工作的同时协助企业建立起与工程成本管理的相关制度和管理办法，而工程项目的成本控制和管理的专业性恰好需要造价专业人士和企业管理者共同参与合作完成。

（3）信息化发展对造价执业的影响。随着建筑业的发展，建筑相关企业在异地执业的情况非常普遍。日常业务的联络、专业技术和质量风险都可以通过远程管理来提供相关技术数据和质量掌控，信息技术已成为各相关企业日常管理的重要手段。

例如近年来，国内大型项目已经采用 BIM 技术，这颠覆了传统的造价工作模式。BIM 技术与工程造价的进一步融合，使造价人员的劳动力得到解放，使信息技术推动传统服务模式发生重大变化。

第三节 行业结构分析

一、行业企业结构分析

由于工程造价人员在建筑相关行业中分布较广，现仅对工程造价咨询行业内的企业结构进行简要分析。

（1）企业资质总体情况。2014—2017 年，全国造价咨询企业分别为 6931 家、7107 家、7505 家、7800 家，其中甲级资质企业分别为 2774 家、3021 家、3381 家、3737 家，占比约 40.02％、42.51％、45.05％、47.91％，乙级资质企业分别为 4157 家、4086 家、4124 家、4063 家，占比约 59.98％、57.49％、54.95％、52.09％。分布情况：各地区分别为 6693 家、6874 家、7265 家、7654 家，各行业归口分别为 238 家、233 家、240 家、236 家。

（2）企业专营与兼营总体情况。2014—2017 年，专营工程造价咨询企业分别为 2170 家、2069 家、2002 家、1961 家，分别占全部造价咨询企业的 31.31％、29.11％、26.68％、25.14％；兼营工程造价咨询业务且具有其他资质的企业分别为 4761 家、5038 家、5503 家、5839 家，所占比例分别为 68.69％、70.89％、73.32％、74.86％。

（3）工程造价咨询企业按资质分类统计见表 6-1。

表 6-1 工程造价咨询企业按资质分类统计表（家）

序号	年份	造价咨询企业数量			专营工程造价咨询企业的数量	具有多种资质的造价咨询企业数量
		合计	甲级	乙级		
1	2014	6931	2774	4157	2170	4761
2	2015	7107	3021	4086	2069	5038
3	2016	7505	3381	4124	2002	5503
4	2017	7800	3737	4063	1961	5839

数据来源：1. 中国建设工程造价管理协会（www.ceca.org.cn/）
2.《中国工程造价咨询行业发展报告（2018 版）》

（4）工程造价咨询企业按企业登记注册类型分类统计见表 6-2。

表 6-2 工程造价咨询企业按企业登记注册类型分类统计表（家）

序号	年份	企业数量	国有独资公司及国有控股公司	有限责任公司	合伙企业	合资经营和合作经营企业	其他企业
1	2014	6931	157	6655	82	11	26
2	2015	7107	147	6856	79	10	15
3	2016	7505	92	7078	75	8	12
4	2017	7800	134	7575	63	5	23

数据来源：1. 中国建设工程造价管理协会（www.ceca.org.cn/）
2.《中国工程造价咨询行业发展报告（2018 版）》

近 4 年来，造价咨询企业数量呈上升趋势，2015 年比 2014 年增加 176 家，增加 2.5%；2016 年又比 2015 年增加 398 家，增加 5.6%；2017 年又比 2016 年增加 295 家，增加 3.9%。企业数量增加的结果是行业竞争趋于激烈。造价咨询企业数量变化的一个显著特点是，甲级企业数量高速增长。甲级企业 2015 年比 2014 年增加 247 家，增幅为 8.9%；2016 年又比 2015 年增加 360 家，增幅为 11.9%。2017 年又比 2016 年增加 356 家，增幅为 10.5%。甲级企业占全部企业数量的比例持续上升，2014～2017 年分别占比为 40.02%、42.51%、45.05%、47.91%。甲级企业越来越多的结果是使得同质化竞争趋于激烈。

从地区情况看，造价咨询企业数量呈上升态势的地区有 24 个，其中增加最快的三个地区是广西、宁夏和北京，增幅分别为 15.53%、10.59%、5.98%。造价咨询企业数量呈上升态势的结果是地区竞争趋于激烈；造价咨询企业数量呈下降态势的是天津，其中 2017 年，天津和云南的工程造价咨询企业数量分别下降了 15.38%及 18.52%。

二、从业人员构成分析

（1）从业人员总体情况。2014～2017 年年末，工程造价咨询企业从业人员分别为 412591 人、414405 人、462216 人、507521 人。其中，正式聘用员工分别为 379154 人、381518 人、426730 人、466389 人，分别占年末从业人员总数的 91.90%、92.06%、92.32%、91.90%；临时聘用人员分别为 33437 人、32887 人、35486 人、41132 人，分别占年末从业人员总数的 8.10%、7.94%、7.68%、8.10%。

（2）注册造价工程师总体情况。2014～2017 年年末，工程造价咨询企业中，拥有的一级注册造价工程师分别有 68959 人、73612 人、81088 人、87963 人，分别占年末从业人员总数的 16.71%、17.76%、17.54%、17.33%；2014～2016 年年末，造价员分别有 104151 人、108624 人、110813 人。二级造价工程师 2019 年首次开考，目前无二级注册造价工程师执业。

（3）专业技术人员总体情况。2014～2017 年年末，工程造价咨询企业共有专业技术人员分别为 286928 人、282563 人、314749 人、339692 人，分别占年末从业人员总数的 69.54%、68.18%、68.10%、66.93%。

（4）注册（登记）执业（从业）人员情况见表 6-3。

表 6-3 注册（登记）执业（从业）人员情况表

序号	年份	期末注册（登记）执业（从业）人员		
		一级注册造价工程师	造价员	期末其他专业注册执业人员
1	2014	68959	104151	71244
2	2015	73612	108624	51768

续表

序号	年份	期末注册（登记）执业（从业）人员		
		一级注册造价工程师	造价员	期末其他专业注册执业人员
3	2016	81088	110813	57410
4	2017	87963	—	65387

数据来源：1. 中国建设工程造价管理协会（www. ceca. org. cn/）

2.《中国工程造价咨询行业发展报告（2018 版）》

近 4 年来造价咨询企业期末注册执业人员呈现稳定增长的态势。2015 年与 2014 年相比，注册造价工程师增长 6.75%，造价员增长 4.29%；2016 年与 2015 年相比，注册造价工程师增长 10.16%，造价员增长 2.02%；2017 年与 2016 年相比，注册造价工程师增长 8.48%。近 4 年来人员变化的一个明显特点是，其他专业人员 2015 年比 2014 年增长 27.33%，2016 年比 2015 年增长 10.90%，2017 年比 2016 年增长 13.89%。从注册执业人员的数量可知，工程造价咨询企业从业人员中，非注册执业人员比重还很大。

工程造价咨询行业的主要投入品是人力资本，主要供应方是注册造价工程师和造价员，其构成直接影响了该行业相关业务服务的质量和效率，进而影响行业的发展前景。作为该行业的高端从业人员，注册造价工程师依然处于较为紧缺的局面。

三、行业市场分析

（1）按业务类别分类的企业业务收入情况见表 6-4。

表 6-4　　按业务类别分类的企业业务收入情况（亿元）

序号	年份	行业收入合计			工程造价咨询业务收入			其他业务收入合计		
		金额	增长（%）	占比（%）	金额	增长（%）	占比（%）	金额	增长（%）	占比（%）
1	2014	1064.19	—	100	479.25	—	45.03	584.94	—	54.97
2	2015	1079.47	1.44	100	516.36	7.74	47.83	563.11	−3.73	52.17
3	2016	1203.76	11.51	100	595.72	15.37	49.49	608.04	7.98	50.51
4	2017	1469.14	22.05	100	661.17	10.99	45.00	807.97	32.88	55.00

数据来源：1. 中国建设工程造价管理协会（www. ceca. org. cn/）

2.《中国工程造价咨询行业发展报告（2018 版）》

从统计数据上看，2015 年与 2014 年相比工程造价咨询企业的业务总收入增长 1.44%，其中工程造价咨询业务收入增长 7.74%，同期其他业务（招标代理业务、工程监理业务、项目管理业务、工程咨询业务）收入下滑 3.73%；2015 年比 2014 年业务总收入增长 1.44%，2016 年比 2015 年业务总收入增长 11.51%，2017 年比 2016 年业务总收入增长 22.05%。

从企业业务收入结构上看，造价咨询业务收入比重总体平衡，从 2014 年的 45.03%上升后，到 2017 年的 45.00%，其他业务收入总体也较均衡，从 2014 年的 54.97 下降到 2017 年的 55.00%。其他业务收入占比多年来始终高于工程造价咨询业务收入，说明造价咨询企业呈现出多业务经营的总体架构。

（2）按工程建设阶段分类的工程造价咨询业务收入情况见表 6-5。

表 6-5　　按工程建设阶段分类的工程造价咨询业务收入情况（亿元）

阶段分类	2015 年		2016 年			2017 年		
	收入	占比（%）	收入	占比（%）	增长（%）	收入	占比（%）	增长（%）
前期决策阶段咨询	49.49	9.74	56.42	9.47	－0.27	63.09	9.54	0.07
实施阶段咨询	131.82	25.71	138.18	23.20	－2.51	141.90	21.46	－1.74
竣工决算阶段咨询	187.12	36.49	235.74	39.57	3.08	264.74	40.04	0.47
全过程工程造价咨询	123.32	24.05	142.73	23.96	－0.09	164.09	24.82	0.86
工程造价鉴定和仲裁	8.61	1.68	10.63	1.78	0.10	12.37	1.87	0.09
其　他	11.90	2.32	12.02	2.02	－0.30	14.98	2.27	0.25

数据来源：1. 中国建设工程造价管理协会（www.ceca.org.cn/）
2.《中国工程造价咨询行业发展报告（2018 版）》

从表 6-5 工程建设各阶段分类的工程造价咨询业务所占百分比角度分析，2015—2017 年各阶段收入工程造价咨询收入比例由高到低为竣工决算阶段、实施阶段、全过程、前期决策阶段、工程造价经济纠纷的鉴定和仲裁。上述收入高低关系说明竣工决算阶段咨询存在较高的核减效益收入；全过程工程造价咨询是工程造价咨询行业的一个发展方向，占比较高；前期决策阶段咨询业务收入绝对额不大，但仍占有一定比例，其重要性在日益得到认可；工程造价经济纠纷的鉴定和仲裁业务收入比例非常低，主要由于此类业务存在资质许可门槛，专业技术要求高，业务实施难度大。

2015～2017 年期间，竣工决算阶段咨询占比为 36.49%、39.57%、40.04%，实施阶段咨询占比为 25.71%、23.20%、21.46%，全过程工程造价咨询占比为 24.05%、23.96%、24.82%。这些变化说明传统的竣工决算阶段业务咨询存在较高的核减效益收入，全过程工程造价咨询是一个发展方向。同时也说明造价咨询业务从工程建设事后逐步转向事中开展。

第四节　行业发展趋势

工程造价行业历经几十年的发展，取得了诸多发展成就。我国陆续出台了一系列部门规章和规范性文件，初步建立起工程造价管理制度体系，为稳步推进工程造价管理体制改革和工程造价咨询业的科学发展营造了良好的法制环境；颁布并修订了《建设工程工程量清单计价规范》，标志着工程造价实现了在政府宏观调控下，通过市场竞争形成机制的正式确立，促进了工程造价行业的发展新高峰。

“十三五”是我国全面建设小康社会、深化改革开放、加快经济增长方式的攻坚时期。“十三五”期间，以新能源、交通运输、区域发展、城市改善、城镇化和新农村建设为重点的基本建设，将保持基本建设投资的持续增长，给工程造价行业的发展带来了良好的机遇。各工程造价相关企业为了适应市场的需要、行业的发展，必然会在企业经营模式、业务范围、发展战略、市场战略等多个方面，努力开拓创新。

一、规模化发展趋势

1. 发展规模化提升竞争力

通过 20 多年的努力发展，我国造工程价咨询企业的数量不断增多，但以中小型企业为主，大型专业化企业较少，没有任何一个企业占有显著的市场份额，也没有任何一个企业能对整个产业的结果产生重大影响，更不存在能左右整个产业活动的市场领袖。

目前的行业准入标准偏低，各级别资质所要求条件均较容易满足，客观上促成目前数量庞大的造价咨询企业林立，工程造价咨询企业以几十人的中小型企业居多，规模普遍偏小。至 2017 年，全国的工程造价咨询企业数量为 7800 家，甲级工程造价咨询企业为 3737 家，在全国造价咨询企业中占比例为 47.91%。而这些企业对市场的控制力也较弱，工程造价咨询行业的企业众多且规模较小，使得企业经济效益和效率较低，竞争十分激烈。

另外，造价咨询企业专营化程度较低，来自其他非专营企业的竞争进一步加剧了行业竞争。在我国有造价资质的企业分为以下几类：专营工程造价咨询机构；具有工程造价咨询资质的工程咨询类机构（如勘察设计、工程监理、招标代理、工程咨询公司、项目管理公司等）；具有工程造价咨询资质和财务、法律等方面咨询的综合性公司。工程咨询类综合公司的经营的重点往往不在造价咨询方面，只是其他专业的配套业务而已，比如勘察设计单位主要是对本单位项目的设计进行概算或设计前的可行性研究，监理单位造价咨询业务只对所监理项目进行投资（成本）控制。这些单位很少参与工程预结算的业务。而财务方面的咨询公司，通常在公司中设立工程造价部或工程造价分公司，并由专门的组织机构和人员负责。但由于其他业务所带来的直接委托的优势，这些公司还是能在造价咨询行业中占据一定的市场。

正是由于上述因素的存在，各造价咨询企业为了争取更大的市场份额，彼此间竞争很激烈，主要表现在咨询价格的竞争上，咨询价格基本都在收费标准的 70%以下。谁的价格越低谁就能接到更多的业务，大大降低了行业的整体利润。

为了提升自身竞争力，在面向服务购买方时有更大的话语权，现在的造价咨询企业已经意识到了规模化发展的必要性。

2. 规模化发展的必要性

规模化发展有利于提升企业执业质量。执业质量是造价咨询企业的生命线。规模化发展的主要优势之一即是可以提高专业化程度，这种专业化包括对于服务方案的专业化设计，对于企业执业操作的流程化、制度化控制，也包括对于最终提交的服务成果的质量审核。科学而规范的规模化及规模化带来的科学和规范的操作，将在体制机制上给服务质量以保证，这对于造价咨询企业的发展来说至关重要。

规模化发展有利于打造和提升企业的核心竞争力，而企业基业长青的基础就在于打造核心竞争力，造价咨询企业也不例外。打造核心竞争力的基础是企业有理念、有实力、有实现途径，在这一方面，规模化的企业具有突出优势。企业通过规模化发展实现对各种资源的全面有效整合，更容易发挥比较优势和规模效应，为打造和提升核心竞争力奠定物质基础。与此同时，核心竞争力的打造也是规模化发展企业的必然要求，规模化发展与核心竞争力是企业发展中相辅相成的两方面内容。

规模化是实现品牌效应的重要手段之一。企业品牌重在建立企业与包括服务购买者在内的公众关系，它来源于企业文化的提炼，重点展现企业文化、产品质量、技术创新、企业人才观等企业特征，是从企业出发导向的产物，企业品牌重在建立产品与服务购买者之间的关系，它源于市场认识，目标受众的需求分析，结合自身情况，构筑的个性定位，品牌差异性越大，越能提供附于产品消费之上的附加精神价值。品牌是一个企业着力打造的要点，更是一个企业战略思想的核心，因为对于服务购买者来说，他们的决策受品牌影响，良好的品牌会增加企业竞争力。

规模化发展有利于提升企业的管理水平。对于小的企业来说，人数较少，大多实行类似作坊式的管理，企业人员大多是人事、财务、市场等职责兼具一身，而大企业内通常分工相对明细。管理水平的提升涉及硬件条件，如资金、硬件设施，也包括软件条件，如技术、公司治理等。对于小型企业来说，这些都可能是其生存的沉重负担。只有实现了规模化发展，才能从科学管理中获得益处，从而推动企业提升管理水平。

规模化发展有利于解决“人才问题”。作为知识密集型行业，企业的发展最根本的是“人才”的问题。造价咨询企业的人才流动率相对较高，优秀人才的缺乏成为企业乃至行业发展的瓶颈。从企业培养员工的过程来看，在吸引优秀员工、培养员工、留住优秀员工三个环节中，规模化的大企业更具有优势，对人才的吸附性更强。

3. 规模化发展模式多样化

企业在进行规模化发展时，既可以选择兼并扩张的模式，也可以选择联盟、加盟模式。前者最终成立一个实体，在人、财、物等方面实行统一化管理，即实质性合并；而后者是各企业出于提升品牌效应的考虑进行的企业联合，各企业内部管理保持独立性，人、财、物等管理模式保持不变。这两种模式各有优劣，企业可以根据自己的情况进行选择，除了极少数有实力的工程造价咨询企业可以通过兼并扩张的方式来增强实力，以期同国外大型工程咨询公司相抗衡外，对于绝大多数的咨询企业而言，受制于其经济实力和资源占有量，在短期内难以实现。因此，实践中最多数的选择是实行联盟、加盟，从而打破地域和行业、专业界限，以资本为纽带，在品牌、管理、资金、市场等企业诸要素上进行优势互补，实现资源共享、市场共拓、风险共担、利益共享。

二、信息化发展趋势

1. 信息化发展的必然

21 世纪进入了信息时代，计算机的广泛使用推动了工程造价行业技术的进步，主要表现在工程造价软件开发后，大大节约了工程量的计算与计价时间，改变了手工算量、计价、编制预结算的方式，同时互联网的普及为工程预结算材料价格的取得提供了便利，行业管理部门对企业资质和从业人员管理更为便捷，也使得造价人员有更多的时间从事造价的控制和管理工作。

信息化发展对建筑业的深刻变革也间接地影响了工程造价行业，越来越多的高层建筑、高速铁路和桥梁得以实现，这带动了工程建设和基础设施投资规模。当今社会已经进入知识经济时代，用信息技术武装传统产业是经济发展的必然趋势，信息化是取得行业竞争优势的必然选择。

（1）有利于行业信息资源的开发与共享。工程造价业务所涉及的法规、标准、定额及其他信息资源几乎全部需要集成和共享。目前，编制概预算、工程量清单等已实现计算机化，造价信息初步达到局部共享，行业管理走向网络化。随着信息化的不断发展，对行业信息资源的开发与共享的需求将会更加强烈。

（2）有利于行业标准化、规范化的推进。在一个高度共享，不受空间限制的环境下，无疑会大大加快行业标准化和规范化的进程，行业标准和规范可借助信息化更加深入广泛传播，更易于全国范围的统一。

(3) 有利于行业管理和专业素质的提高。行业诚信管理、企业资质管理、人员职业注册管理、专业人员业务培训等都需要借助信息技术实现高效管理和有效管理。

(4) 有利于企业提高核心竞争力。对于企业而言，信息化的本质是要加强企业的核心竞争力。无论造价咨询企业抑或建设单位、施工企业，信息化是取得行业竞争优势的必然选择。

2. 信息化发展的进程

从工程计量、计价技术的发展方面来看，20 世纪 90 年代之前，造价咨询行业主要依靠人工或借助简单计算器等工具完成计量、计价工作，手工翻阅定额，进行工料机分析、价差调整、费用计算、编制预（结）算书，工作量大、容易出错，调整及修改烦琐。20 世纪 90 年代中期，出现了专用计价软件，运用计算机和工程计价软件，编制工程概算、预（结）算等，大大提高了工作效率，方便了对工程造价分析、控制与管理。21 世纪初期，出现了自动算量（图形算量）软件，通过画图或与设计软件的整合，依据工程量计算规则，自动计算工程量，编制出工程量清单，并可实现与计价软件、信息管理系统的整合。目前，服务于工程建设参与各方的全过程工程造价管理软件不断出现，并迅速发展，包括服务于工程造价咨询企业的全过程造价管理咨询（审计）软件、服务于业主的建设项目全过程造价管理软件、承包商的全过程造价管理软件等。

另外，工程计价信息是工程计价的基础，近 30 年来，随着信息技术的快速发展，为工程造价管理服务提供信息的软件、网站、信息化手段逐步涌现，造价人员从以前的通过翻阅纸介的工程计价信息获取计价信息发展到查阅电子期刊或在网上查阅信息，再到利用计价软件挂载信息系统实现自动录入，都体现了信息化发展提高了信息获取的便捷度。而在工程定额管理方面，普遍使用专业软件进行辅助定额编制及定额的水平分析，还能自动形成出版格式及电子出版物。

应当说，信息技术已经渗入到工程造价企业，改变了行业的工作方式，提高了行业的工作效率，推动了行业的发展。但仍存在一些不足：首先是工程造价软件系统功能较为单一，大多针对某一个阶段、某一参与方而言的，不能满足各阶段的工程造价管理信息化的需要。且这些软件实质上只是减轻了造价业务的工作量，缩减了工作时间，较少涉及对信息的处理，对员工工作指导具有一定的局限性。其次，信息管理系统建设较弱，工程造价信息的互联互通、数据共享、各阶段数据交换较差；工程计价信息尚未实现全面网络化，系统性、真实性、时效性还有待提高。

3. 信息化系统的构建

《工程造价行业发展“十三五”规划》明确提出：推进工程造价信息化系统建设，加强工程造价信息化工作的指导，建立和完善工程造价信息要素收集、发布的相关制度，做好工程造价信息数据标准建设，实现国家、地区和行业工程造价信息资源的共享，有序推进工程造价信息化。

工程造价信息化、行业信息化包括行业管理和企业管理两个层面，构建以方法库、工具库和数据库为主要内容的信息系统。方法库是工程造价管理所必须依据和应用的基本制度和方法，是工程造价信息建设的前提，它包括相关法律、法规体系、工程造价标准体系，主要依托国家宏观调控和行业管理实现；工具库是工程造价管理应用信息技术而形成工具的集合，是进行工程计价和实施建设项目工程造价管理所要使用的现代化的技术手段和工具，它主要包括工程管理软件和工程计价软件，主要依靠市场需求推动的企业行为实现工具库的扩充和发展；数据库是工程计价所需的多用户共享的数据、信息资源的集合，包括工程计价定额和工程计价信息，由政府和企业共同建立、维护。整个工程造价信息化系统的架构如图6-1所示。

（1）方法库是工程造价信息建设的前提。

1）法律、法规体系。方法库中的法律、法规体系主要包括工程造价管理的法律、法规和规范性文件。一是工程造价宏观管理的相关制度，二是围绕工程造价行业的相关管理制度。在工程造价管理法律、法规体系建设方面，应分层次地逐步建立，包括国家法律、地方立法和部门立法等。

2）工程造价标准体系。工程造价管理标准体系泛指除应以法律、法规进行管理和规范的内容外，还有以国家标准、行业标准进行规范的工程管理和工程造价咨询行为、质量的有关技术内容。目前，工程造价行业的标准体系已经初步建立，并将逐步完善，这些标准也是进行工程造价管理必须遵从的方法和依据。工程造价管理标准体系如图6-2所示。

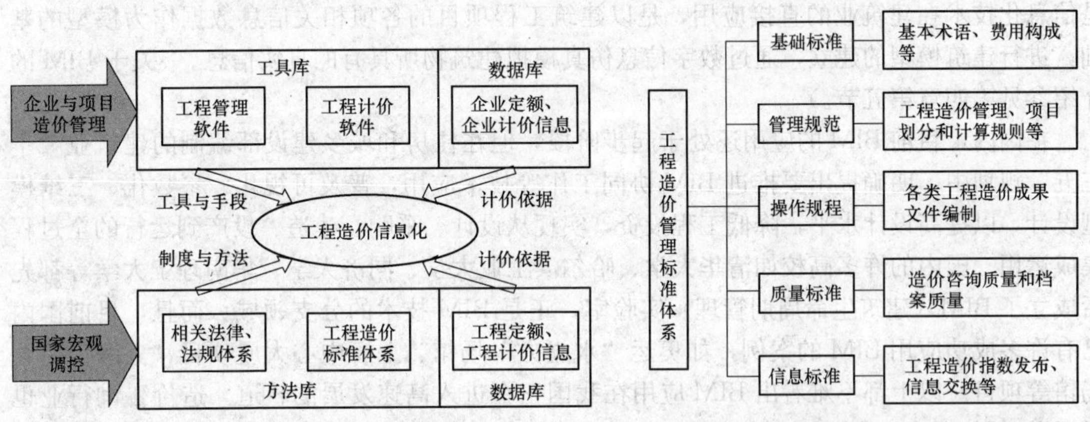

图6-1　工程造价信息化系统的架构　　　图6-2　工程造价管理标准体系示意图

（2）数据库是工程造价信息化的核心。2007年以来，我国进一步加强了全国工程造价信息化建设，制定了工程造价信息化工作规划和工作制度，通过国家、行业和地区建设工程造价信息平台的建设、维护和运行，及时准确地发布工程造价信息，初步形成了工程造价信息网络发布系统，为政府和社会提供了政策信息、行业动态、行政许可和工程造价指数等公共服务，提高了行政管理的效能；建立了分地区的人工成本、住宅和城市轨道建筑安装工程造价指标、建筑工程材料、施工机械信息价格发布制度和基本信息。在建设工程造价信息网上，每季度、每半年发布全国省会城市人工成本信息、住宅工程建安造价信息，完成了1000多个典型住宅工程造价数据的积累。数据库的建立和完善涵盖以下几个方面的内容。

1）建设工程造价管理标准数据库。规范各类信息资源数据库标准，形成全国统一的数据库结构。内容包括：工程造价管理基本术语、费用构成等基础标准；工程造价管理、项目划分和计算规则等管理规范；各类工程造价成果文件编制的操作规程；工程造价咨询质量和档案的质量标准；工程造价指数发布及信息交换的信息标准等。

2）建立规范统一的工程计价定额数据库。定额体系虽然按不同专业不同地区有所区别，但应集成在统一的管理平台。集成内容包括估算指标体系、概算定额体系及预算定额体系。

3）建立共享工程计价信息库。按照行业、地方和企业 3 个层次构成工程计价信息库，内容包括：国家或地方的房建工程、市政工程造价指数，各行业、各专业工程造价指数；人工价格、材料价格、设备价格、施工机械价格；建设项目综合造价指标、单项工程综合指标、单位工程指标、扩大分部分项工程指标、分部分项工程指标等。

（3）工具库是工程造价信息化的手段。工具库是工程造价管理应用信息技术而形成工具的集合，是进行工程计价和实施建设项目工程造价管理所要使用的现代化的技术手段和工具，它包括工程计价、计量软件、工程造价管理软件、信息管理系统。

工具库的建设是工程造价管理的一项重要工作，软件公司和咨询企业将开发出各类工程造价软件产品服务于建设项目、工程咨询企业自身业务工作和承包商的成本管理。

造价工程师除需要掌握传统的技能外，也需要熟悉各类工具软件、管理软件，能够便捷获取信息、能够进行信息的加工与处理。

4. 信息化发展的重要趋向

（1）BIM 技术的推广应用。建筑信息建模（BIM）作为一种创新的工具与生产方式，是信息化技术在建筑业的直接应用，是以建筑工程项目的各项相关信息数据作为模型的基础，进行建筑模型的建立，通过数字信息仿真模拟建筑物所具有的真实信息。（关于 BIM 的介绍参见第四章第五节。）

在国内，目前 BIM 的应用还处于起步阶段，但在住房和城乡建设部编制的建筑业“十三五”规划中，明确提出要推进 BIM 协同工作等技术应用，普及可视化、参数化、三维模型设计，以提高设计水平，降低工程投资，实现从设计、采购、建造、投产到运行的全过程集成运用。国内的许多高校如清华大学、哈尔滨工业大学、同济大学、华南理工大学等都先后成立了 BIM（建筑生命周期管理）实验室，正是 BIM 技术的分支领域。而且，目前国内已有许多成功应用 BIM 的案例，如奥运“水立方”场馆、上海中心大厦项目、上海世博会场馆等项目。以上都不难看出 BIM 应用在我国正在进入高速发展的轨道。造价咨询行业也需要及时跟上 BIM 发展的步伐，从技术、人才等各方面做足准备，以适应市场变化的需要。

（2）云技术的应用。云技术是基于云计算商业模式应用的网络技术、信息技术、整合技术、管理平台技术、应用技术等的总称，可以组成资源池，按需所用，灵活便利。

云技术在工程造价行业的应用主要体现在以下几个方面：一是现代建设工程分工的专业化、精细化和协作化；二是由于建筑单体的体量大、多样性，其三维信息量非常巨大；三是智能建筑、节能等专业工程越来越复杂。而云计量将使繁杂和重复的工程计量工作协同、合作完成。工程计量工作经专业分解后放入云端，各专业独立完成并综合汇总。这种专业分工不仅保证了质量，也会提高效率、降低资源消耗和成本。通过云技术中的云询价，造价工程师及设备、材料供应商将工程计价拥有或所需的要素消耗量和要素价格信息置入“云端”，信息服务商集成和管理这些信息，又为需要的造价工程师提供云服务，造价工程师可以借此及时获取准确的要素消耗量和要素价格信息，从容应对新型建筑材料和设备不断出现、市场价格瞬息万变的局面。

三、国际化发展趋势

1. 外部经济环境的影响

（1）我国已参与若干经济圈建设。随着中国经济对外发展正在形成若干经济圈，如中国与东盟，中、日、韩的经济合作，中俄与中亚五国的经济合作及中国与非洲的经济合作已经形成了经济圈的发展模式，中国对外经济活动异常活跃，许多工程项目需要投资监管和全过程造价控制，欧债危机有可能使中国的资金和货币快速国际化，大量的投资会带来许多工程项目，给工程造价行业带来机遇。

（2）对外投资和援助项目的快速增长。随着我国经济的快速崛起，我国对外投资的规模逐年上升。据商务部统计，2012年，我国境内投资者共对全球141个国家和地区的4425家境外企业进行了直接投资，累计实现非金融类直接投资772.2亿美元，同比增长28.6%。我国企业走向世界寻求发展，为我国工程造价企业国际化提供了巨大的机遇。

我国在致力于自身发展的同时，在“南南合作”框架下向亚洲、非洲、拉丁美洲、加勒比、大洋洲和东欧等地区120多个发展中国家提供了力所能及的经济和技术援助。我国对外援助主要集中在基础设施和公共设施建设、工农业生产等领域。截至2011年年底，我国的政府帮助受援国建成了2200多个与当地生产、生活息息相关的各类项目。对外援助项目为我国工程造价企业“走出去”提供了良好的机遇。

2. 中国工程造价咨询企业国际化发展的现状

目前能够走出去的工程咨询企业主要是国营的中央部委直接领导的大型咨询企业，由于是跟着国家大中型投资项目走向国际，在这方面几乎无法形成有效的竞争。长期以来从事国内大中型国家投资项目的咨询服务使这些咨询企业有较强的专业咨询能力，大量的专业人才资源和雄厚的经济实力，同时存在着缺乏市场竞争，缺乏对境外当地政治、文化、法律、设备、材料、人力等各种信息资料的了解，缺乏对国际投资控制模式的掌握和运用，使走出去的工程咨询企业主要是为中国投资方提供咨询，难以介入、参与到当地的经济活动中。

我国虽然出台了一系列的工程造价咨询的法规和规范，但仍有待完善，特别是涉及境外造价管理的相关措施、工程造价咨询行业规模化发展和执业规范的普及运用、有关境外投资控制的实践经验和理论研究等都无法适应国际化发展的要求。我国咨询机构多而不强、多而不专是行业的普遍现象，另外存在与境外执业环境不同等一系列的差异，这些仅仅依靠咨询企业自己去研究、摸索困难很大，政府和行业需要开展这方面的研讨，出台相关措施鼓励有实力和有能力的企业走出去，并在政府、社会、政治、经济等方面提供咨询意见和帮助，帮助企业培养国际性复合人才，增加国际交流和合作，政府、行业层面可以为工程造价咨询企业走出国门做好各项准备工作。

3. 工程造价咨询企业国际化发展的对策

（1）政府在工程造价咨询企业国际化发展过程中积极进行政策引导和支持。

1）政府确定海外投资项目签证业务，为工程造价咨询企业提供商机。政府应明确，凡国家投资项目或以国家投资为主体的工程项目必须进行工程结算审计和工程决算审计，在工程项目的建设过程中必须有中国的工程造价咨询企业全程参与投资控制和管理。参照境外或国际上通用的投资控制和管理模式进行，这种操作模式有利于对项目投资进行全面的、动态的、事先的监控，有利于工程成本的合理支出和规范操作，有利于防止国有资产的损失，有利于投资效益的发挥，通过社会化分工使投资方能更加有利于对工程的质量、进度的关注，更加有利于对投资效益的监控，中国工程造价咨询企业也可以通过中国在海外的投资和援助项目走出国门，参与到国际化发展的进程中。

2）引入竞争使不同性质的工程造价咨询企业同台献技，互相促进互相提高。在目前能够走出去为中国投资、援助项目提供工程造价咨询服务的主体是国营的工程咨询机构，国有咨询企业借助国家的力量在优化资源配置上得天独厚，以及其自身发展形成的强大实力已经在国际化道路上发展，在实际发展中常会遇到机制上的束缚，有政府背景的咨询企业在真正国际化和属地化的时候会遇到政治、社会背景不同的障碍。国外的咨询企业都为民营，以防止有政府利益背景难以做出独立、客观的判断和出具相关成果文件，咨询机关独立承担相应的法律责任。因此，政府引入民营企业共同参与，让不同性质的工程造价咨询企业公平、公开、公正地竞争，互相促进和提高，这对于中国工程造价咨询业的民族品牌创建和领军型的工程造价咨询企业形成意义重大。

3）选择与培育并举，鼓励有能力有要求的工程造价咨询企业走出去。中国工程造价咨询企业数量众多，其中不乏企业规模较大、内部制度建设齐全、执业操守规范、有经营发展理念和目标远大的工程造价咨询企业，政府和行业领导在中间选择一批有能力有要求的咨询企业参与国际化进程，用政策驱动鼓励这些企业做大做强做专，并促使其规模化经营的形成，由于在境外从事工程造价咨询其政府背景和社会背景不同，另外还有诸多法律法规、语言文化、技术参数、材料价格、清单运用、人力资源、信息数据等一系列的差异，政府和行业可在政治、经济、社会等企业不可控风险的防范和认知上帮助和扶持企业，积极了解掌握运用基本法律、法规应对企业不可控风险的形成和产生，政府和行业明确一批可走出去的工程造价咨询企业并对他们给予肯定和扶持，这些工程造价咨询企业应积极提出国际化发展的战略和相应的策略与措施，为成功走出国门融入世界，迈出坚定稳妥的第一步。

4）工程造价行业发展“十三五”规划，为行业发展营造良好的执业环境。“十三五”规划明确在工程造价管理制度体系上，要构建以工程造价管理法律、法规为制度依据，以工程造价标准规范和工程计价定额为核心内容，以工程造价信息为服务手段的工程造价法律、法规、标准规范，计价定额和信息服务体系，以“加强政府引导监督，完善行业自律，实现公平自信”为方针，促进工程造价咨询业的可持续发展。

规划还强调在人才队伍建设上要加强高层次人才的培养，建立造价行业专家队伍，要培育执业道德良好、专业素质过硬、熟悉工程造价咨询行业理论和实践、具有一定管理经验和创新意识的复合型人才和专业领军人才，配合“中国建设走出去”的发展要求，有重点地培养国际工程造价管理业务的高端人才，参与国际工程咨询业务。

规划中引导工程造价咨询企业要形成合理的规模，促进工程造价咨询业务覆盖建设项目的全过程，保持工程造价咨询业营业额20%以上的增长率。

工程造价行业发展“十三五”规划，基本解决了目前造价咨询行业发展存在的种种困惑，明确了行业发展的方向，为工程造价咨询规范执业、规模运作，并逐步参与国际竞争提出了设想和措施，定会大大改善工程造价咨询的执业环境，推动工程造价咨询行业稳步向前发展。

（2）企业从人才储备、技术服务体系等各方面做好国际化发展的战略准备。

1）以国际化发展眼光做好人力资源的储备培养。在与国际接轨过程中比较有利的捷径可以采取“走出去、引进来”的方式，国内工程造价咨询企业服务在理念上逐步与国际接轨，在操作上可逐步按照国际咨询模式运作，这种服务理念和操作模式要完全自发地产生并形成体系是相当困难的，目前许多国内工程造价咨询机构完全有经济能力派员工到境外同行的咨询企业学习、了解和掌握国际化的操作模式，同时也可以引进在境外咨询机构的专业人士，帮助建立起按国际化的操作模式所需的各专业服务体系，这种“走出去、引进来”的方式可有效缩短与国际接轨的时间，促进国内咨询机构的各项工作，帮助和提升国内咨询机构的整体水平和管理能力。

目前在国内的境外著名工程造价咨询企业的专业人员已基本属地化，这给国内工程造价咨询企业引进专业人才提供了契机，国内较大规模的工程造价咨询企业都有在境外咨询企业从事过多年工作的专业人才，在企业内也有按国际操作模式开展咨询业务的部门或团队，这为国内工程造价咨询企业与国际接轨打下了基础。

2）用国际化发展要求强化技术服务体系建设。国际化发展需要全方位支持，各公司应该根据各自的发展现状进一步细化中价协颁布的执业规程，产生各自的质量控制管理办法、业务操作管理办法、服务产品管理办法等，结合主管部门和行业要求，使造价咨询规范化、程序化、体系化，并覆盖全部业务内容。

基本内容：

知识库建设内容包括案例积累、实施模板、课题研究、技术改进、合同管理体系、数据资料等各项咨询服务的各类需求。

专家队伍建设包括专业性专家的骨干队伍，熟悉境外造价咨询技术的专家，熟悉和研究境外政治、经济、社会、文化、法律、法规的专家，能够进行涉外交流与沟通的专业和综合性专家等。

信息管理平台建设指要建立一个中外沟通交流的信息化网络平台，用建立的国内信息库的技术数据、资料、信息及时有效地为境外服务的执业团队解决咨询服务的各类需求，保持信息联系和反馈畅通，提供有效信息，解决实际问题，提高咨询效率，提升服务水平。

四、全过程工程造价咨询的发展趋势

1. 我国造价咨询业务范围现状

尽管我国在造价工程师执业资格和管理办法中有明确规定，需要造价工程师对工程项目的造价工作担负“全过程、全方位的动态管理”职责，但事实上由于社会对工程造价咨询认可度不高，而工程造价咨询行业的业务分割现象又很严重，如项目前期评估、可行性研究等业务主要集中于由发改委批准的工程咨询单位承担，而投资估算、工程设计概预算的编制等业务多由设计单位完成，招标代理业务主要由招标代理机构完成等，上述原因共同导致我国工程造价咨询企业的业务范围限于工程实施阶段的预算、标底的编审及工程结算的审核，业务差别化程度不高，没能够在更宽广的域面上展现出造价工程师所拥有的综合性经济技术咨询服务才能，没有很好地将造价控制技术拓展到项目管理与决策上，建设项目前期的投资策划、投资决策、可行性研究及工程项目后评估的造价咨询几乎空白。我国工程造价咨询业服务范围狭窄的现象，没有发挥出造价工程师的技术潜力。从人力资源的角度来看，造价工程师的人力资源价值效应没能充分地被利用，是对造价专业人士人力资源的一种浪费。而国外工程造价咨询业的服务范围则比国内要宽泛得多。

国外工程造价咨询服务体系大致可分为3个层次，即工程造价咨询、项目管理咨询、工程技术咨询。由于私有化浪潮的冲击，投资方式随之创新，BOT、BT项目大量涌现，使工程造价咨询企业的业务范围向融资、建设和经营领域延伸，传统的DBB咨询服务进一步向设计—采购—建造（EPC）咨询服务发展。

国外工程造价咨询企业市场化程度较高，不论在所在国还是在国外，其经营和服务范围都在不断拓展，尤其是加入世贸组织的国家，其服务范围是全球性的，既可以承揽境外工程咨询项目，又可以设境外分支机构，执业人员还可以从事短期境外服务。

从能够提供的咨询业务范围看，英国工料测量活动的内容包括宏观经济环境分析、项目可行性研究、概预算、承包模式咨询、成本控制、招投标文件编制与审核、施工过程中的财务报表与变更成本估计、竣工结算与决算、合同索赔与基金组织协作、成本重估、对承包商破产或并购后的应对措施、应急合同财务管理等。

日本的造价咨询事务所的业务范围有可行性研究、投资估算、工程量清单、单价调查、工程造价细算、标底价编制与审核、招标代理、变更成本计算、工程造价后期控制与评估等。

2. 需求的推动

(1) 业主的外在需求推动项目全过程咨询服务。为了减少设计、施工分离可能出现的协调问题、大量工程变更及工程造价，控制项目建设工期，发挥投资效益，业主更多地希望设计和施工紧密结合，倾向设计、施工等集成化项目管理模式。伴随此种需求的使业主越来越倾向于委托一家实力雄厚的综合性工程造价咨询企业，而不是按阶段分别委托不同的专业咨询企业提供咨询服务，涵盖项目前期的策划、设计、施工，乃至设施管理等。在这种模式下，业主委托造价咨询企业进行前期的各项有关工作，如项目机会研究、可行性研究等；待建设项目形成决策后再辅助设计单位进行限额设计并同时进行招标文件准备；随后通过招标选择施工总承包商；至施工阶段，造价工程师对项目进行合同管理和结算管理等工作。这种全过程造价咨询管理有利于保证质量、进度和节约投资，是工程造价咨询业未来发展的主流模式。

(2) 企业的内在需求推动项目全过程咨询服务。我国的造价咨询企业规模普遍比较小，业务面窄、企业竞争力弱，通过开展全过程管理、扩大企业业务范围可以有效提高企业的竞争力，增强企业在市场上的竞争地位和影响力，实现企业利益的最大化和可持续发展。

工程造价咨询企业的收入增长来自业务的拓展。国际上，工程造价咨询业的业务范围贯串了工程项目建设的全过程，突破了以造价业务为核心的狭义服务范围而向融资服务、项目管理承包服务领域延伸。随着我国工程造价咨询企业专营化程度的提高和核心竞争力的增强，其业务范围和业务层次将不断拓展，如进行工程招标代理、造价鉴定和纠纷解决、工程项目管理与咨询服务等，以及进行更高端的全过程造价管理甚至全生命周期造价管理等业务。而这些业务与工程计量计价等基础业务相比具有较高的取费费率，因此会带来更多的营业收入，从而使工程造价咨询企业逐步占领工程造价咨询市场。

工程造价行业在“十三五”期间，应识别行业发展机会和趋势，抓住机遇、深化发展，这样才能更好地为整个建设投资市场的发展提供强有力的支持。

五、工程造价管理改革和发展趋势

近年来，工程造价管理坚持市场化改革方向、完善工程计价制度、转变工程计价方式、维护各方合法权益，并取得了明显成效。但也存在工程建设市场各方主体计价行为不规范、工程计价依据不能很好满足市场需要、造价信息服务水平不高、造价咨询市场诚信环境有待改善等问题。

1. 我国工程造价管理改革目标

在工程造价的形成机制上，要进一步完善具有中国特色的“政府宏观调控，企业自主报价，竞争形成价格，监管行之有效”的工程造价的形成机制。在工程造价管理制度体系上，要构建以工程造价管理法律、法规为制度依据，以工程造价标准规范和工程计价定额为核心内容，以工程造价信息为服务手段的工程造价法律、法规、标准规范、计价定额和信息服务体系。在工程造价咨询业的发展上，要在“加强政府引导监督，完善行业自律，实现公平守信”的方针指导下，按市场经济的管理原则，促进工程造价咨询业的可持续发展，为政府和投资方做好服务，加大国有投资项目的依法监管。

2. 我国工程造价管理发展主要任务

（1）健全市场决定工程造价制度。加强市场决定工程造价的法规制度建设，加快推进工程造价管理立法，依法规范市场主体计价行为，落实各方权利义务和法律责任；全面推行工程量清单计价，完善配套管理制度，为“企业自主报价，竞争形成价格”提供制度保障；细化招投标、合同订立阶段有关工程造价条款，为严格按照合同履约工程结算与合同价款支付夯实基础；按照市场决定工程造价原则，全面清理现有工程造价管理制度和计价依据，消除对市场主体计价行为的干扰；大力培育造价咨询市场，充分发挥造价咨询企业在造价形成过程中的第三方专业服务的作用。

（2）构建科学合理的工程计价依据体系。逐步统一各行业、各地区的工程计价规则，以工程量清单为核心，构建科学合理的工程计价依据体系，为打破行业、地区分割，服务统一开放、竞争有序的工程建设市场提供保障；完善工程项目划分，建立多层级工程量清单，形成以清单计价规范和各专（行）业工程量计算规范配套使用的清单规范体系，满足不同设计深度、不同复杂程度、不同承包方式及不同管理需求下工程计价的需要；推行工程量清单全费用综合单价，鼓励有条件的行业和地区编制全费用定额；完善清单计价价配套措施，推广适合工程量清单计价要素价格指数调价法；研究制定工程定额编制规则，统一全国工程定额编码、子目设置、工作内容等编制要求，并与工程量清单规范衔接；厘清全国统一、行业、地区定额专业划分和管理归属，补充完善各类工程定额，形成服务于从工程建设到维修养护全过程的工程定额体系。

（3）建立与市场相适应的工程定额管理制度。明确工程定额定位，对于国有资金投资工程，作为其编制估算、概算、最高投标限价的依据，对于其他工程仅供参考；通过购买服务等多种方式，充分发挥企业、科研单位、社团组织等社会力量在工程定额编制中的基础作用，提高工程定额编制水平；鼓励企业编制企业定额；建立工程定额全面修订和局部修订相结合的动态调整机制，及时修订不符合市场实际的内容，提高定额时效性；编制有关建筑产业现代化、建筑节能与绿色建筑等工程定额，发挥定额在新技术、新工艺、新材料、新设备推广应用中的引导约束作用，支持建筑业转型升级。

（4）改革工程造价信息服务方式。明晰政府与市场的服务边界，明确政府提供的工程造价信息服务清单，鼓励社会力量开展工程造价信息服务，探索政府购买服务，构建多元化的工程造价信息服务方式；建立工程造价信息化标准体系；编制工程造价数据交换标准，打破信息孤岛，奠定造价信息数据共享基础；建立国家工程造价数据库，开展工程造价数据积累，提升公共服务能力；制定工程造价指标指数编制标准，抓好造价指标指数测算发布工作。

阅读材料

利用 BIM 解决工程造价管理问题

建筑项目是一个涉及多个环节的复杂工程，在整个建筑工程项目中有不同的参与者以不同的方式进行参与，因此建筑工程的造价信息也就比较复杂。BIM 的核心是信息，因此通过构建 BIM 模型可以实现对建筑信息的随时调整，实现建筑信息的共享。BIM 模型具有参数化、可视化、模拟化及可协调性。目前，国内比较常用的 BIM 工程造价软件有鲁班、广联达、清华斯维尔等。

一、BIM 软件在造价管理中的优势

1. 实现了造价数据共享

传统的工程造价模式无论是人工管理还是计算机管理，信息都是分散的，而将 BIM 应用到造价管理中则实现了信息的共享。通过 BIM 软件可以将所有与建筑工程有关的数据统一导入数据库中，这样随时能够通过数据库了解自己需要的信息，而且还可以将最新的数据纳入数据库中，确保输出数据的及时性。

2. 优化资源计划

优化资源计划，实现精细化控制。传统的工程造价模式带有很大的主观色彩，而 BIM 5D 模型应用之后，实现了根据项目施工的动态进行数据管理的效果，这样就大大提高对整个工程的动态管理，达到了造价精细化管理的效果，避免了预算超支现象的发生。

3. 碰撞检查

应用 BIM 技术可以进行三维空间管线的模拟碰撞检查。在设计阶段消除碰撞内容，优化管道布置方案，施工中减少设备管线碰撞引起的返工，减少浪费，避免施工图会审中人为的失误和效率低下。

二、BIM 在工程造价各阶段中的应用

结合工程造价各个环节的因素，BIM 在不同阶段中的造价管理应用如下。

1. 投资决策阶段

投资决策阶段的造价控制管理关系到整个建筑工程的造价，因此实现投资阶段的造价控制是建筑企业经济效益提高的重要环节。投资阶段工程造价主要就是对建筑工程进行评估，而评估的依据主要是根据现有的投资评估指标编制，但是现在的投资预算编制指标存在不全面的缺点。而 BIM 技术则可以有效解决这个问题，通过 BIM 模型可以实现对不同投资预算的方案进行对比，从而为设计人员提供有用的方案。

2. 设计阶段

设计阶段的工程造价编制主要是根据设计方案的深度、资料完善程度等进行的，设计阶段的造价要占到整个造价的 70% 左右，因此设计阶段的工程造价非常重要。

(1) 设计概算。传统的设计概算主要是采取人工来完成，这样不仅耗时费力，而且其计算结果还不准确，尤其是当设计资料不完整的情况下，依靠调整系数进行编制其结果必然会受到影响。而在 BIM 技术支持下，设计人员可以在 BIM 模型的基础上进行修改，这样就会保证设计概算结果更加精确；另外，将 BIM 技术引入到设计预算编制中还可以保证设计单位与建筑单位直观地观看设计方案的设计过程，并且对造价数据的形成过程进行检测，保证

设计方案的进一步优化；最重要的是BIM技术的自动检查功能，有助于及时发现设计中存在的错误，减少施工过程中的设计变更问题。

（2）施工图预算。施工图预算主要是发生在施工图设计阶段，其主要作用是确定工程计划价格，传统的工程图预算主要是根据工程量计算表进行计算，这样计算所需要的时间非常长，而且工作量也比较大，而将BIM技术引入其中则能够实现自动化预算管理。

3. 施工阶段

施工阶段的造价形式主要是工程结算，即施工单位根据合同规定的结算方式和实际完成工程量，向业主提供已完成工程量报表和工程价款结算账单，经由业主委托的造价咨询企业和监理工程师确认，向建设单位收取工程价款的活动。施工阶段工程造价控制的重点是工程变更和索赔，多数的变更和索赔都会引起工程造价的增加。即使在设计阶段BIM技术的应用减少了后期设计变更的发生，但变更发生时，如何选择变更方案，以及变更后工程量及相应费用的增加数量一直以来都是甲乙双方的关注点及争议点。BIM模型可以模拟变更前后的情况，便于审核变更方案的合理性。利用基于BIM的变更算量软件还可以计算出变更工程量及相应费用，高效地处理变更签证。

4. 竣工阶段

竣工阶段要编制竣工结算这种造价文件。传统模式下，竣工结算对造价人员来说是具有相当考验的一项任务。特别是工程量的核对，建设单位与施工单位的造价人员需要结算二维平面图纸、现场签证及自己平日做预算积累的工程量计算书等一大堆文件，按照每根梁、每根柱、每面墙等逐项核对，工作量之大不言而喻。完全依照手工查找，准确性很难保证，而且工程造价人员的业务水平参差不齐，很容易导致结算"失真"。鉴于BIM模型经过前面阶段的逐步建立和完善过程，其所含信息量已经非常完备，与竣工实体相一致，以此模型为基础进行竣工结算可以大大提高速度与准确度，也为后期竣工决算的编制奠定基础。

总之，BIM技术的应用是今后工程造价管理的发展趋势。BIM技术在全过程工程造价管理中的应用，大大提高了工程建设各阶段工程造价确定的速度与准确度，落实了工程建设各阶段工程造价控制的效果。

思考题

扫描二维码，查看分享内容

1. 请简要描述工程造价行业的发展历史。

2. 请搜集目前我国造价行业的经济运行数据，并尝试自行分析这些数据反映了怎样的行业动态。

3. 与同学一起了解更多的关于建筑信息模型（BIM）的相关信息，并分析其对未来工程造价行业的影响。

4. 目前的工程造价行业具有怎样的行业发展趋势？

5. 请简要分析建筑信息化对工程造价行业的影响。

6. 国际化发展趋势对工程造价人员提出了怎样的新要求？对于在大学中正在学习专业知识的大学生来说，应该怎样去适应这种新的要求？

附录A　中国建设工程造价管理协会个人会员管理办法（试行）

第一章　总　　则

第一条　为加强中国建设工程造价管理协会（以下简称“本会”）个人会员的管理，根据《社会团体登记管理条例》（中华人民共和国国务院令第250号）、《中国建设工程造价管理协会章程》（以下简称《章程》）等有关规定，制定本办法。

第二条　本办法适用于本会个人会员的管理和服务。

第三条　本会会员享有《章程》规定的权利，并应履行章程规定的义务。

第四条　本会个人会员按执业状况分为执业会员和非执业会员；按资历分为普通会员、资深会员和荣誉会员。

执业会员是指已取得《造价工程师注册证书》的人员；非执业会员是指执业会员以外的其他个人会员。

第二章　会　籍　管　理

第五条　个人会员条件：

（一）普通会员

取得造价工程师或者造价员资格证书或从事工程造价咨询及相关业务的工程造价专业人员，以及从事工程造价管理研究、教育等的其他专业人士可申请成为普通会员。

（二）资深会员

在工程造价行业内具有一定影响力，且符合《中国建设工程造价管理协会资深会员评定与管理办法》，从事工程造价咨询及相关业务的专业人士或行业领军人物，经本人申请，并履行评定程序后，可批准成为资深会员。

（三）荣誉会员

对中国工程造价行业做出过重大贡献的境内、外著名人士可由本会授予荣誉会员称号。

第六条　本会负责全国个人会员的会籍管理，各省、自治区、直辖市造价管理协会（以下简称“省级协会”）及本会各专业委员会（以下简称“专委会”）协助中价协负责本地区、本行业普通会员的会籍管理工作。

第七条　会员入会程序：

（一）普通会员

申请人提交入会申请，经省级协会或专委会审核、本会批准，按《中国建设工程造价管理协会会费管理办法》规定交纳会费后成为普通会员，并颁发“中国建设工程造价管理协会个人会员证书”。

（二）资深会员

符合资深会员条件的，按规定向本会提出申请，按规定程序经专家评审后，本会审核批准，按《中国建设工程造价管理协会会费管理办法》规定交纳会费后成为资深会员，并颁发“中国建设工程造价管理协会资深会员证书”。

（三）荣誉会员

本会对经提议符合荣誉会员条件的进行审核，报理事长批准后，向荣誉会员颁发“中国建设工程造价管理协会荣誉会员证书”。

第八条 个人会员的工作单位、工作地点、通信方式等信息变更的，应当及时办理变更手续。

第九条 会员类别的变更：非执业会员与执业会员之间的变更，由申请人提交申请，省级协会或专委会核准。会员变更时，应按变更前会员类别缴纳本年度会费。执业会员如暂停执业，可以变更为非执业会员。

第十条 会员有下列情形之一的，终止其会员资格：

（一）本人申请退会的；

（二）两年或以上未按规定交纳会费的；

（三）被取消会员资格的；

（四）中价协认定的其他情形。

第十一条 会员申请退出本会，按会员会籍管理权限，普通会员退会手续在省级协会或专委会办理，资深会员退会手续由本会直接办理。

第三章 会 员 服 务

第十二条 本会为个人会员提供下列服务。

（一）普通会员

1. 非执业会员

(1) 获得各种政策理论信息、业务培训等；

(2) 优先、优惠获得本会编印的工程造价相关资料；

(3) 免费享受本会网站提供的部分学习课程；

(4) 参加本会组织的各类评选活动；

(5) 参加本会组织的境内外学术交流活动。

2. 执业会员除享受非执业会员的服务以外，还享受以下服务

(1) 免费享受本会网站提供的工程造价信息；

(2) 免费参加本会举办的30学时网络继续教育培训；

(3) 优先、优惠参加本会组织的专业培训及境内外学术交流活动；

(4) 在《工程造价管理》期刊及在国际会议上投稿，同等条件下优先选用，优先在本会组织的学术会议上发表论文；

(5) 获赠《工程造价管理》电子期刊等相关专业资料；

(6) 获得在本会网站对其工作经历、执业能力的推介。

（二）资深会员和名誉会员

除享受执业会员的服务以外，还享受以下服务：

(1) 优先获得推荐本会理事会理事资格；

(2) 优先获得推荐本会专家库和专家委员会候选人资格；

(3) 优先获得推荐参加对外会员双边互认资格；

(4) 优先获得本行业专业人才向其他部门推荐资格；

(5) 优先获得承担本会组织的课题研究、标准制定工作；

(6) 优先获得国内外会议学术报告权、专业评委资格等；

(7) 优先并免费参加本会组织的法规、标准宣贯等活动；

(8) 优惠或免费参加本会组织的高层研讨，学术峰会、论坛交流等活动。

第十三条　对为本会或行业工作做出突出贡献的个人会员，本会可视情况授予“先进个人会员”荣誉称号或其他形式的奖励。

第四章　会员自律管理

第十四条　本会可以对个人会员从事的工程造价咨询活动进行监督检查，会员应当接受、配合检查，并如实提供检查所需相关资料。

第十五条　个人会员若存在违规行为，本会可以视情节给予以下惩戒：

(1) 诫勉谈话；

(2) 责令检讨；

(3) 通报批评；

(4) 公开谴责；

(5) 取消会员资格。

会员惩戒办法另行制定。

第十六条　个人会员的良好行为和不良行为，本会可根据有关规定记入其信用档案。

第五章　附　则

第十七条　中国建设工程造价管理协会资深会员评定与管理办法由本会另行规定。

第十八条　本办法由本会秘书处负责解释。

第十九条　本办法于 2015 年 12 月 23 日经本会会员代表大会通过，自 2016 年 1 月 1 日起开始施行。原《中国建设工程造价管理协会会员管理办法（试行）》同时废止。

附录B　国内开设工程造价专业本科院校名单（2019年）

序号	学校名称	专业所在院系	省份	数量
1	北京建筑大学	经济与管理工程学院	北京	3
2	北京城市学院	城市建设学部		
3	北京科技大学天津学院	城市建设学院		
4	天津理工大学	管理学院	天津	2
5	天津城建大学	经济与管理学院		
6	河北建筑工程学院	经济与管理学院	河北	21
7	河北外国语学院	外事服务系		
8	华北理工大学轻工学院	土木工程部		
9	华北电力大学（保定）	经济与管理学院		
10	石家庄铁道大学四方学院	经济管理学院		
11	中国地质大学长城学院	管理科学与工程学院		
12	华北电力大学科技学院	经济管理系		
13	北京交通大学海滨学院	经济管理系		
14	石家庄经济学院	管理科学与工程学院		
15	燕京理工学院	机电工程学院		
16	石家庄学院	经济管理学院		
17	河北科技学院	建筑工程学院		
18	唐山学院	土木工程学院		
19	北华航天工业学院	建筑工程系		
20	河北工程技术学院	工程管理学院		
21	石家庄经济学院华信学院	管理系		
22	河北联合大学轻工学院	建筑工程学院		
23	北京化工大学北方学院	机电工程学院		
24	河北民族师范学院	建筑工程系		
25	河北水利电力学院	交通工程学院		
26	河北科技师范学院	城市建设学院		
27	山西大学	管理工程系	山西	5
28	山西工商学院	建筑工程学院		
29	山西工程技术学院	建筑工程系		
30	山西应用科技学院	建工学院		
31	山西财经大学	管理科学与工程学院		

续表

序号	学 校 名 称	专业所在院系	省份	数量
32	内蒙古科技大学	建筑与土木工程学院	内蒙古	4
33	内蒙古财经大学	工商管理学院		
34	鄂尔多斯应用技术学院	土木工程系		
35	内蒙古农业大学	水利与土木建筑工程学院		
36	大连理工大学城市学院	建筑工程学院	辽宁	13
37	大连大学	建筑工程学院		
38	沈阳建筑大学	管理学院		
39	辽宁科技大学	土木工程学院		
40	沈阳城市建设学院	管理系		
41	辽东学院	城市建设学院		
42	沈阳城市学院	建筑工程学院		
43	辽宁科技学院	资源与土木工程学院		
44	辽宁工业大学	管理学院		
45	辽宁理工学院	建筑分院		
46	大连财经学院	工商管理学院		
47	辽宁财贸学院	经济管理学院		
48	沈阳大学科技工程学	建筑工程学院		
49	长春工业大学人文信息学院	工程管理系	吉林	9
50	长春科技学院	建筑工程学院		
51	长春建筑学院	管理学院		
52	长春工程学院	管理学院		
53	长春大学旅游学院	艺术学院		
54	吉林建筑大学	经济与管理学院		
55	吉林建筑大学城建学院	管理工程系		
56	吉林农业科技学院	水利与土木工程学		
57	吉林农业大学发展学	建筑工程学院		
58	哈尔滨华德学院	建筑与土木工程学院	黑龙江	7
59	哈尔滨剑桥学院	工商管理学院		
60	绥化学院	农业与水利工程学院		
61	黑龙江工程学院	土木与建筑工程学院		
62	黑龙江东方学院	建筑工程学部		
63	哈尔滨石油学院	土木工程学院		
64	哈尔滨远东理工学院	土木与建筑工程学院		
65	苏州科技学院天平学院	土木工程系	江苏	13
66	河海大学文天学院	经济管理系		
67	东南大学成闲学院	土木工程系		

续表

序号	学 校 名 称	专业所在院系	省份	数量
68	南京工程学院	经济与管理学院	江苏	13
69	南京审计学院	工程管理学院		
70	三江学院	土木工程学院		
71	苏州科技大学天平学院	土木工程系		
72	南京工业大学浦江学院	土木与建筑工程学院	江苏	12
73	徐州工程学院	土木工程学院		
74	淮阴师范学院	城市与环境学院		
75	浙江科技学院	土木与建筑工程学院		
76	嘉兴学院南湖学院	机电与建筑工程系		
77	南通理工学院	建筑工程学院		
78	绍兴文理学院	土木工程学院	浙江	4
79	浙江科技学院	土木与建筑工程学院		
80	绍兴文理学院元培学院	建筑工程系		
81	浙江水利水电学院	建筑工程学院		
82	铜陵学院	建筑工程学院	安徽	11
83	黄山学院	建筑工程学院		
84	阜阳师范学院信息工程学院	经济管理系		
85	安徽建筑大学	管理学院		
86	安徽理工大学	土木建筑学院		
87	安徽工业大学工商学院	建筑工程系		
88	安徽建筑大学城市建设学院	管理工程系		
89	安徽财经大学	管理科学与工程学院		
90	安徽工业大学	管理科学与工程学院		
91	安徽文达信息工程学院	建筑工程学院		
92	池州学院	管理与法学院		
93	华侨大学厦门工学院	建筑与土木工程学院	福建	13
94	武夷学院	土木工程与建筑学院		
95	莆田学院	土木工程学院		
96	福州外语外贸学院	工程系		
97	福建工程学院	管理学院		
98	福州理工学院	土木工程系		
99	泉州信息工程学院	建筑工程系		
100	福建江夏学院	工程学院		
101	厦门大学嘉庚学院	土木工程系		
102	闽南理工学院	土木工程学院		
103	三明学院	建筑工程学院		
104	福建师范大学闽南科技学院	土木工程系		
105	福建农林大学东方学院	艺术设计系		

续表

序号	学 校 名 称	专业所在院系	省份	数量
106	江西理工大学	经济管理学院	江西	16
107	华东交通大学理工学院	土木建筑分院		
108	南昌理工学院	建筑工程学院		
109	新余学院	建筑工程学院		
110	九江学院	土木工程与城市建设学院		
111	江西应用科技学院	城市建设学院		
112	南昌工学院	建筑工程学院		
113	江西理工大学应用科学学院	建设工程系		
114	南昌工程学院	土木与建筑工程学院		
115	江西农业大学南昌商学院	管理系		
116	江西财经大学管理学院	工商管理系		
117	江西科技学院	土木工程学院		
118	江西科技师范大学	建筑工程学院		
119	江西工程学院	建设与管理工程学院		
120	江西财经大学	旅游与城市管理学院		
121	萍乡学院	工程与管理学院		
122	青岛黄海学院	建筑工程学院	山东	19
123	青岛农业大学	建筑工程学院		
124	青岛理工大学	管理学院		
125	潍坊科技学院	建筑工程学院		
126	山东科技大学	土木工程与建筑学院		
127	山东协和学院	建筑工程学院		
128	山东英才学院	建筑工程学院		
129	山东建筑大学	管理工程学院		
130	山东农业工程学院	国土资源与测绘工程系		
131	山东工商学院	管理科学与工程学院		
132	聊城大学东昌学院	机电工程系		
133	青岛恒星科技学院	建筑学院		
134	山东华宇工学院	建筑工程系		
135	齐鲁理工学院	土木工程学院		
136	青岛滨海学院	大专文理基础学院		
137	青岛理工大学琴岛学院	土木工程系		
138	山东现代学院	建筑工程学院		
139	山东外事翻译职业学院	工程学院		
140	山东工程职业技术大学	建筑工程学院		
141	中原工学院	经济管理学院	河南	21
142	黄河科技学院	建筑工程学院		
143	洛阳理工学院	经济与管理学院		

续表

序号	学 校 名 称	专业所在院系	省份	数量
144	中原工学院信息商务学院	建筑工程系		
145	华北水利水电大学	水利学院		
146	许昌学院	土木工程学院		
147	黄淮学院	建筑工程学院		
148	河南师范大学新联学院	土木建筑工程系		
149	信阳师范学院华锐学院	土木工程系		
150	安阳师范学院人文管理学院	建筑工程学院	河南	21
151	商丘工学院	土木工程学院		
152	河南财经政法大学	工程管理与房地产学院		
153	郑州航空工业管理学院	土木建筑工程学院		
154	河南城建学院	管理工程学院		
155	黄河交通学院	交通工程学院		
156	商丘学院	土木工程学院		
157	郑州升达经贸管理学院	建筑工程系		
158	郑州财经学院	土木工程学院		
159	郑州科技学院	土木建筑工程学院		
160	郑州工商学院	建筑工程学院	河南	23
161	郑州成功财经学院	建筑工程系		
162	郑州工业应用技术学院	建筑工程学院		
163	河南牧业经济学院	建筑工程学院		
164	三峡大学科技学院	土木水电学部		
165	湖北文理学院	建筑工程学院		
166	华中科技大学武昌分校	城市建设学院		
167	湖北工程学院新技术学院	城市建设系		
168	三峡大学	水利与环境学院		
169	黄冈师范学院	建筑学院		
170	西安欧亚学院	人居环境学院		
171	武汉科技大学城市学院	城建学部		
172	湖北大学知行学院	经济与管理系	湖北	24
173	武汉纺织大学	管理学院		
174	湖北工程学院	城市建设学院		
175	武昌理工学院	城市建设学院		
176	湖北工程学院新技术学院	城市建设系		
177	武汉生物工程学院	建筑工程学院		
178	湖北文理学院理工学院	建筑工程系		
179	武汉理工大学华夏学院	土木与建筑工程系		
180	湖北经济学院法商学院	物流与工程管理系		

续表

序号	学 校 名 称	专业所在院系	省份	数量
181	湖北经济学院	物流与工程管理学院	湖北	24
182	湖北商贸学院	建筑经济与工程管理学院		
183	武昌工学院	土木工程学院		
184	武汉工程大学邮电与信息工程学院	建筑工程系		
185	湖北师范大学文理学院	土木工程系		
186	武汉工程科技学院	工程学院		
187	长江大学工程技术学院	城市建设学院		
188	湖南财政经济学院	工程管理系	湖南	7
189	湖南工学院	建筑工程与艺术设计学院		
190	长沙学院	土木建筑工程系		
191	湖南信息学院	管理学院		
192	湖南城市学院	城市管理学院		
193	湖南交通工程学院	交通运输工程学院		
194	湖南工业大学	土木工程学院		
195	广东工业大学华立学院	城建学部	广东	5
196	广东技术师范天河学院	建筑工程学院		
197	广东白云山学院	建筑工程学院		
198	广州大学	工商管理学院工程管理系		
199	广东工商职业技术大学	建筑工程系		
200	百色学院	管理科学与工程学院	广西	10
201	桂林理工大学博文管理学院	土木与工程学院		
202	广西科技大学	土木建筑工程学院		
203	广西科技大学鹿山学院	土木工程系		
204	贺州学院	建筑工程学院		
205	南宁学院	土木与建筑工程学院		
206	广西工学院	土木建筑工程学院		
207	广西财经学院	管理科学与工程学院		
208	广西城市职业大学	建筑工程学院		
209	北部湾大学	建筑工程学院		
210	中国矿业大学银川学院	信息工程学院	宁夏	2
211	银川能源学院	土木建筑学院		
212	海口经济学院	工程技术学院	海南	1
213	长安大学	建筑工程学院	陕西	14
214	西安财经学院	管理学院		
215	安康学院	经济与管理学院		
216	西安交通工程学院	土木工程学院		

续表

序号	学 校 名 称	专业所在院系	省份	数量
217	陕西国际商贸学院	信息与工程学院	陕西	14
218	西安翻译学院	工程技术学院		
219	西京学院	土木工程学院		
220	西安欧亚学院	人居环境学院		
221	西安培华学院	建筑工程学院		
222	西安科技大学高新学院	建筑与土木工程学院		
223	西安思源学院	城市建设学院		
224	陕西服装工程学院	建筑工程学院		
225	西安工业大学北方信息工程学院	建筑工程系		
226	延安大学西安创新学院	土木工程学院		
227	兰州理工大学	土木工程学院	甘肃	7
228	兰州商学院陇桥学院	土木工程系		
229	陇东学院	土木工程学院		
230	兰州交通大学博文学院	工程管理系		
231	天水师范学院	土木工程学院		
232	兰州工业学院	土木工程学院		
233	兰州交通大学	土木工程学院		
234	重庆大学	建设管理与房地产学院	重庆	8
235	重庆交通大学	管理学院		
236	重庆文理学院	建筑工程学院		
237	重庆科技学院	建筑工程学院		
238	长江师范学院	土木建筑工程学院		
239	重庆大学城市科技学院	建设管理学院		
240	重庆工程学院	管理学院		
241	重庆机电职业技术大学	建筑工程学院		
242	四川大学	建筑与环境学院	四川	25
243	西华大学	建筑管理工程学院		
244	四川师范大学	工学院		
245	四川农业大学	建筑与城乡规划学院		
246	西南科技大学	土木工程与建筑学院		
247	四川理工学院	土木工程学院		
248	四川文理学院	环境与建筑工程学院		
249	内江师范学院	工程技术学院		
250	乐山师范学院	经济与管理学院		
251	成都师范学院	物理与工程技术学院		
252	成都理工大学工程技术学院	资源勘查与土木工程系		
253	四川大学锦江学院	土木工程学院		

续表

序号	学 校 名 称	专业所在院系	省份	数量
254	成都文理学院	建筑学院	四川	25
255	四川大学锦城学院	土木工程系		
256	四川工业科技学院	建筑工程学院		
257	西南财经大学天府学院	工程管理研究所		
258	西南科技大学城市学院	土木工程系		
259	四川师范大学成都学院	建筑工程学院		
260	西南石油大学	工程学院		
261	成都大学	建筑与土木工程学院		
262	成都信息工程学院银杏酒店	工商管理系		
263	西南交通大学希望学院	土木工程学院		
264	西南交通大学	经济管理学院		
265	成都艺术职业大学	建筑工程学院		
266	成都工业学院	建筑与环境工程学院		
267	贵州财经大学	管科学院	贵州	9
268	贵州师范大学	材料与建筑工程学院		
269	贵州大学明德学院	管理系		
270	贵州民族大学人文科技学院	工学部		
271	遵义师范学院	工学院		
272	贵州财经大学商务学院	计算机科学与工程管理系		
273	凯里学院	建筑工程学院		
274	贵州理工学院	经济管理学院		
275	贵州师范大学求是学院	材料与建筑工程学院		
276	昆明理工大学津桥学院	建筑工程系	云南	10
277	云南大学滇池学院	建筑工程学院		
278	云南工商学院	建筑工程学院		
279	云南农业大学	建筑工程学院		
280	昆明理工大学	建筑工程学院		
281	曲靖师范学院	城市学院		
282	昆明医科大学海源学院	文理系		
283	云南师范大学商学院	应用科技学院		
284	昆明学院	城乡建设与工程管理学院		
285	云南师范大学文理学院	城市学院		

参 考 文 献

[1] 李建峰，等．工程造价（专业）概论 [M]. 北京：机械工业出版社，2011.
[2] 张建平，董自才．工程造价专业概论 [M]. 成都：西南交通大学出版社，2015.
[3] 任宏，陈圆．工程管理概论 [M]. 北京：中国建筑工业出版社，2013.
[4] 张国强，等．建筑环境与能源应用工程专业导论 [M]. 重庆：重庆大学出版社，2014.
[5] 天津大学，等．建筑环境与能源应用工程专业概论 [M]. 北京：中国建筑工业出版社，2014.
[6] 鲁植雄．车辆工程专业导论 [M]. 北京：机械工业出版社，2013.
[7] 高等学校工程管理和工程造价学科专业指导委员会．高等学校工程造价本科指导性专业规范 [M]. 北京：中国建筑工业出版社，2015.
[8] 中国建设工程造价管理协会．中国工程造价咨询行业发展报告（2014 版）[M] 北京：中国建筑工业出版社，2015.
[9] 中国建设工程造价管理协会．中国工程造价咨询行业发展报告（2015 版）[M] 北京：中国建筑工业出版社，2016.
[10] 沈中友．建筑工程工程量清单编制与实例 [M]. 北京：机械工业出版社，2014.
[11] 沈中友．工程量清单计价实务 [M]. 北京：中国电力出版社，2016.
[12] 沈中友．房屋建筑与装饰工程工程量清单项目特征描述指南 [M]. 北京：中国建筑工业出版社，2015.
[13] 沈中友．工程招投标与合同管理 [M] 2 版．武汉：武汉理工大学出版社，2013.
[14] 顾建民，等．高等教育学 [M]. 杭州：浙江大学出版社，2014.
[15] 潘懋元．高等教育学 [M]. 福州：福建教育出版社，2013.
[16] 张文新．高等教育心理学 [M]. 济南：山东大学出版社，2015.
[17] 李定仁．试论高等学校教学过程的特点 [J]. 高等教育研究，2001 (3).
[18] 朱小蔓．教育的问题与挑战：思想的回应 [M]. 南京：南京师范大学出版社，2000.
[19] 任者春．高校教师职业道德修养 [M]. 济南：山东大学出版社，2011.
[20] 任宏．建设工程管理概论 [M]. 武汉：武汉理工大学出版社，2008.
[21] 杰里，等．美国 BIM 应用的观察与启示 [J]. 时代建筑，2013 (2):16-21.
[22] 贺灵童，等．BIM 在全球的应用现状 [J]. 工程质量，2013 (3).
[23] 张泳，等．从新、美两国经验看我国 BIM 发展战略 [J]. 价值工程，2013 (5).
[24] 袁建新．工程造价概论 [M]. 北京：中国建筑工业出版社，2012.
[25] 严玲，等．工程造价导论 [M]. 天津：天津大学出版社，2004.
[26] 鲁宇红．大学生职业生涯规划与就业指导 [M]. 南京：东南大学出版社，2008.